新一代信息技术前沿

量子计算·新计算革命

Quantum: Computing Nouveau

［美］沈杰顺（Jason Schenker）著

郭铁城　闻经纬　王昊昕　译

郭铁城　审校

人民邮电出版社

北京

图书在版编目（CIP）数据

量子计算：新计算革命 /（美）沈杰顺
(Jason Schenker) 著；郭铁城，闻经纬，王昊昕译. --
北京：人民邮电出版社，2021.3
（新一代信息技术前沿）
ISBN 978-7-115-54838-2

Ⅰ. ①量… Ⅱ. ①沈… ②郭… ③闻… ④王… Ⅲ.
①量子计算机 Ⅳ. ①TP385

中国版本图书馆CIP数据核字(2020)第183982号

◆ 著　　　　　［美］沈杰顺（Jason Schenker）
　　译　　　　郭铁城　闻经纬　王昊昕
　　审　　校　郭铁城
　　责任编辑　韦　毅
　　责任印制　周昇亮

◆ 人民邮电出版社出版发行　　北京市丰台区成寿寺路 11 号
　　邮编　100164　电子邮件　315@ptpress.com.cn
　　网址　https://www.ptpress.com.cn
　　三河市中晟雅豪印务有限公司印刷

◆ 开本：720×960　1/16
　　印张：11　　　　　　　　　2021 年 3 月第 1 版
　　字数：95 千字　　　　　　2021 年 3 月河北第 1 次印刷
　　著作权合同登记号　图字：01-2019-0407 号

定价：79.80 元
读者服务热线：(010)81055552　印装质量热线：(010)81055316
反盗版热线：(010)81055315
广告经营许可证：京东市监广登字 20170147 号

内容提要

　　量子计算是面向未来的计算技术，其计算潜力正呈指数级增长，极有可能促进科学发现，带来计算能力的革命，并推动下一次工业革命。这个时代需要计算机处理能力的突破性进步，科技的力量正推动商用量子计算机的开发和发展。

　　本书深入浅出地讲解什么是量子计算，梳理量子计算技术的发展脉络，探索这一重要的新技术将给计算机、计算科学以及数据分析带来的革命性改变，从应用、投资层面分析和评估量子计算在不同行业的实施潜力、应用案例、未来机遇和发展限制。

　　美国金融预测家、未来学家沈杰顺将带领读者以理性和发展的眼光看待"量子计算"这一革命性的新事物，轻松走进量子计算的世界，避开炒作泡沫，掌握未来趋势和投资机遇。

谨以此书献给我的妻子阿什利·沈 （Ashley Schenker） ——我的缪斯和灵感源泉。

沈杰顺（Jason Schenker），美国 Prestige Economics 公司总裁，世界金融领域知名的未来学家，曾在麦肯锡咨询公司担任风险控制专家，曾为美联银行的经济学家。《华尔街日报》等新闻报道中经常出现他的名字，他还常做客美国全国广播公司财经频道和彭博财经频道，著有《机器人的工作："敌托邦"还是"乌托邦"》《机器人未来简史》等多本图书。

他被美国财经资讯公司彭博新闻社列为 42 个不同方向的全球精准预测家之一，在欧元、英镑、瑞士法郎、人民币、原油价格、天然气价格、黄金价格、工业金属价格、农业价格等 25 个方向的预测极为精准。

他持有麻省理工学院的 FinTech 证书、供应链管理执行证书，以及美国企业董事联合会和卡内基 – 梅隆大学联合认证的网络安全证书；拥有 CMT®（特许市场技术分析师）、CVA®（注册估值分析师）、ERP®（能源风险专家）、CFP®（国际金融理财师）和 FLTA（未来学家和长期分析师）的专业资格认证。

他还是 LinkedIn Learning 平台讲师，开设的课程包括金融风险管理、经济衰退应对策略、审计与责任调查等。2016 年 10 月，他成立了未来学家研究所（The Futurist Institute），目标是通过培训和认证证书项目来帮助分析师、策略家和经济学家成为未来学家。

新计算革命

量子计算是一门复杂的学科，本书将仅介绍其中最重要的部分。提前说明这一点，是想让你清楚地知道在本书中可以了解到什么，以及本书不能给你提供什么。这也意味着本书不会教你数学，你也无须去记复杂的公式。

本书将介绍关于量子计算的基础知识，让你了解它对商业、我们的事业以及人生的重要性。

在写《区块链的前景：新兴颠覆性技术的希望和炒作》（ *The Promise of Blockchain: Hope and Hype for an Emerging Disruptive Technology* ）一书时，我第一次提及关于量子计算的主题。量子计算对区块链的加密能力与前景构成了巨大的威胁。在那本书中有一章关于量子计算的内容，但是一章篇幅的论述是远远不够的！

在我开始讨论区块链的前景与挑战的时候，关于量子计算的探讨也悄然开启。

在某一瞬间，有一个想法开始在我的脑海中逐渐明晰，那就是应该写一本关于量子计算的书了。

因为量子计算将会为科学发现、区块链以及密码学带来突破性的变革。

人们如果对此置若罔闻，便很有可能错过它！

为了学习尽可能多的关于这一学科的知识，我翻阅了我所能找到的所有关于量子计算和量子力学的图书。我还阅读了很多期刊上的论文，并且与深耕于此领域的杰出人士进行了多次交谈。

市面上已经有一些质量很好的关于量子计算的图书，在本书中我也将根据不同的内容提及它们。但是没有一本书包含了我想要了解以及需要阅读的全部内容。

那些书中有很多的公式、希腊字母以及数学证明。

我需要的是这样一本书——书中仅有一些关于量子计算的基础知识，它可以让商界精英快速吸收关于量子计算的内容，看清有重大机遇或潜在危机的行业与领域。

这是我写作此书的主旨。希望我们可以共同实现它！

如果你对学习量子计算很感兴趣，那么这本书会是一本很好的入门书。我对一些复杂的概念进行了精心编排，使其更易于理解。为了实现这一目标，我在书中有机地结合了数据、技术沿革以及图表内容，来加深你对难懂的技术以及与金融相关的内容的理解。

此外，本书还囊括了我曾与某些企业高管、政府部门的工作人员以及投资者分享的秘诀！

我在 2019 年 3 月举办的美国西南偏南大会（South by Southwest，SXSW）注中就《区块链的前景：新兴颠覆性技术的希望和炒作》一书进行了正式的图书分享活动。那本书与本书都涉及的主题——量子计算，是我在活动中重点评析与探讨的部分。

本书涵盖了我认知中关于量子计算的最重要的知识，以及我希望自己可以更早了解到的观点。但是本书并不会教你如何制造或设计一台量子计算机。

这是一本让你了解量子计算发展脉络的书！

在写作本书的过程中，我为未来学家研究所准备了一门关于量子计算的课程。该课程为普通听众和一些可能从未听说过"量子"这个词的职业人士分享一些必备知识。这些职业人士或许仅通过美国的系列电视剧《时空怪客》（*Quantum Leap*，直译为"量子跃迁"）、主人公为特工詹姆斯·邦德的电影《大

———————————

注：美国得克萨斯州举办的一个以音乐、电影和互动科技为特色的盛典。

破量子危机》（*Quantum of Solace*）或者一些流行文化中提及的量子方面的话题（这些话题大多离题甚远）提前接触过"量子"，仅此而已。

本书是我编写的第 10 本书。它是为未来学家研究所的一门课程而准备的。这也意味着量子计算即将被纳入该研究所的正式课程，并且未来学家研究所提供的未来学家和长期分析师（Futurist and Long-Term Analyst，FLTA）职业认证的项目课程中也涵盖了这一内容。

致　谢

本书的目标是阐明一些复杂的问题，如果没有众人的帮助，我是没法完成这一目标的！我要感谢所有为本书的出版做出努力与贡献的人。同时我也要特别感谢下面这些人。

首先，我要感谢纳法尔·帕特尔（Nawfal Patel）以及 Prestige Economics 公司的其他同事。感谢 Prestige Professional Publishing 公司所有为本书的出版提供帮助的人。

其次，我要感谢我的妻子。我将此书献给我的妻子阿什利·沈（Ashley Schenker）。她是我的缪斯！我很感谢她在我写作本书的过程中，特别是在我压力很大的时候，给予我的爱与支持。

从专业角度来说，我特别感谢斯科特·阿伦森（Scott Aaronson）

和布莱恩·拉库尔（Brian la Cour）与我探讨量子信息。量子信息是复杂的、重要的并且极具价值的技术。我超级喜欢斯科特和布莱恩的著作与研究！我将在本书的后续章节中介绍他们的一些杰出工作。他们慷慨地抽出时间与那些迫切想要了解他们研究领域的人（比如我）进行对话。在这一领域，他们都是深耕多年的专家，希望他们会对本书的内容和相关概念感到满意。

最后，我想要感谢我的父母杰弗里·沈（Jeffrey Schenker）和珍妮特·沈（Janet Schenker）。我的家人，特别是我的妻子，这些年无私地支持我，给我精神鼓励与写作反馈。我每次写作一本书，对我的家人而言都是一段疯狂的经历。我要对他们以及在此过程中帮助过我的人说一声："谢谢！"

当然，还要感谢购买此书的所有读者朋友。

希望本书能带给你一段美妙的旅程！

前
言

目　录

这是一次技术变革

在本书中，我们将探索一项重要的新技术——量子计算。这项技术将给计算机、计算以及数据分析带来革命性的改变。

量子计算的理论基础是量子力学。量子力学诞生于 20 世纪初，它的研究对象是微观粒子[1]，它给传统物理学概念带来了挑战。

但是量子计算并不仅仅是物理学方面的新技术！

量子计算对科学研究的各个领域都有重要影响，同时也很可能在商业、密码学、通信等领域发挥关键作用。

那么，为何量子计算如此重要呢？

这全在于它的计算能力！简言之，量子计算将在计算、数据处理以及数据分析等技术方面带来变革。

这种变革会让计算机的速度更快，在处理各种数据分析、计算以及其他工作时更加高效。我们不仅要了解这场量子计算变革的价值，还要清楚我们在提升计算处理能力方面实实在在的需求。

换言之，量子计算不仅仅是一项很棒的技术，更是一项我们必不可少的技术。在不久的将来，我们的生活可能离不开它。我将在第二章中讨论我们对这项技术变革的需求，在第四章中探讨量子计算如何带来技术变革。

与很多新兴技术一样，量子计算可能会给传统企业经营带来威胁，也很可能在大数据行业有广泛的应用。此外，在密码学、网络安全以及国防安全方面的应用也将展示出量子计算的潜力。

但是量子计算与许多新技术的不同之处在于，它不仅带来了软件和编程方面的改变，也带来了硬件方面的改变。

这意味着量子计算的发展与机器人科学研究的实现和推进更相似，因为它们都在硬件方面有所变革；量子计算不是下一个应用程序的开发或者区块链的部署，后者与硬件无关，而是涉及软件或具有专门的权限，有记录、追踪和可视化功能的，类似复杂会计软件形式的编程界面。

许多技术被过度炒作，量子计算与它们的不同之处在于它是一种新的计算方式，是一种新型计算机。它不仅仅是下一个优步（Uber）或者下一个爱彼迎（Airbnb）！

这是一次完完全全的变革！

这项新的物理技术也会受限于一些重要的物理和工程问题。我将在第九章对这些局限性进行探讨。

对大多数人而言，他们可能不会明显地注意到伴随量子计算而来的软件和硬件上的变化。但是，他们仍会受益于量子计算带来的进步。

实际上，量子计算有很多显著的好处！我将在第五章中讨论如何推进量子计算沿 S 曲线走向商业化，以及如何将量子计算带来的好处落于实处。

量子计算是全新的技术

对普罗大众而言，量子计算机的计算界面似乎没有太大的改变，这让人们感觉量子计算机与经典计算机相比并无差异，或者至少它们看起来并无差异。

这是好的一面，因为我也不愿意说"这一次很不一样"之类的话，尤其是在技术方面！

但是，量子计算是一种分析数据的新方式。

因为量子计算技术是新的，我便想将此书以"*Quantum: Computing Nouveau*（量子计算：新计算革命）"为名。这也是对 19 世纪末短暂存在的艺术形式——Art nouveau 的认同。Art nouveau 是"新艺术"的意思。同样，量子计算是一种新

量子计算：新计算革命

计算方式，我便以此为本书命名。

无论是量子还是"新艺术"，都起源于 20 世纪初，我将在第三章探讨此主题。

我将在第四章讨论量子计算的特性以及其他相关的概念，并将在第六章介绍量子计算的一些行业应用。

量子计算的实际应用是关键

这本书的重点既不是物理学家对艺术的运用，也不是量子计算遵循的力学规律，而是帮助你理解量子计算在未来将会扮演什么样的角色。

我在本书中通篇讨论有关量子计算的最为重要的事情以及量子计算对商业、经济、社会以及未来意味着什么。我会在第六章深入探讨这些问题，其中还会涉及一些出自未来学家研究所的相关原创研究。

在本书的后半部分，我会考察量子计算对密码学的主要影响。

我会在第七章探讨量子计算对更广泛的网络安全的影响，包括对商业安全、个人安全以及国家安全的影响。简单来说，从个人邮件账号到储蓄账户以及各类通信都可能处于量子计算带来的风险之中。

虽然量子计算会带来风险，但是它也会带来很多机遇。在本书后面几章中，我描述了这些出现在对量子计算感兴趣的人们面前的机遇。

机遇是很多的！这些机遇存在于职业发展、金融和教育领域。这些领域都需要发展量子计算，我会依次谈论。首先我将在第八章谈论发展量子计算的未来机遇，之后将在第九章谈论阻碍量子计算发展的一些限制。

在第十章，我将谈论对量子计算的投资趋势以及与之相伴的风险和机遇。然后，我会在第十一章给出进一步学习相关知识的一些建议以及关于量子计算主题的一些文献。随后我将在第十二章探讨假如未来没有量子计算，会存在什么风险。最后，我将在第十三章阐明量子计算不是下一个区块链，量子计算与区块链存在区别。

量子计算有很多机遇与潜力，但是仍有失败的风险！

需要解答的问题

本书最重要的目标是给你提供有价值的信息，并且回答那些摆在想要探索、理解量子计算或想成为量子计算领域专家的人们面前的一些重要问题。

为了实现这一目的，本书的大部分内容都围绕我们关注的最重要的一些问题展开，包括以下问题。

- 什么是量子计算？

- 量子计算会带来哪些变革？

- 量子计算的现状如何？

- 量子计算有哪些可能的应用案例？

- 量子计算会带来什么样的风险？

在阅读本书之后，你应该可以回答所有这些问题并且理解本书书名的含义。为了让这些问题易于理解，我在书中加入了一些图片、原创研究、类比和小故事。

为了确保你能够理解本书中的所有主题，我还提供了常用术语的解释，这可以作为参考，方便你理解有关量子计算的重要概念。

接下来谈谈我为什么要写这本书。

我为什么
要写这本书

"量子计算"的概念不易理解，人们经常对此感到毫无头绪。

但是科技炒作已经无处不在。

我写这本书的目的是让你了解量子计算是什么，这样你会知道应该去做些什么，进而就可以应对伴随这一重要科学技术而生的那些不可避免的炒作泡沫。

在我写作这本书（英文版）的时候，量子计算的概念刚刚进入公众的视野。

但是量子计算的时代很快就会到来。

不相信吗？你只需看看图 1-1 中依据"量子计算"一词的新闻搜索结果绘制而成的谷歌趋势图。在本书（英文版）正式出版之时，这一谷歌趋势值已创历史新高。图 1-2 是依据"量子计算"一词的网页搜索结果绘制而成的谷歌趋势图，2018 年，这一谷歌趋势值同样创历史新高。

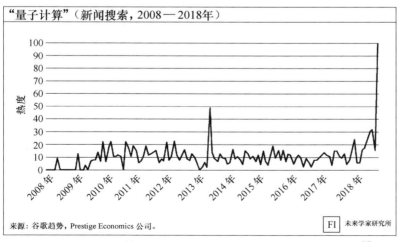

图 1-1　"量子计算"一词的新闻搜索热度随时间变化的趋势 [1]

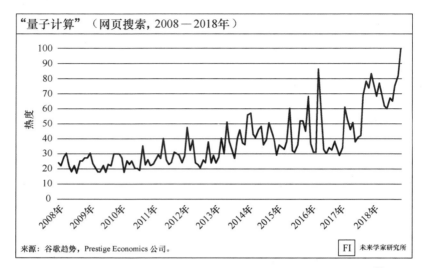

图 1-2　"量子计算"一词的网页搜索热度随时间变化的趋势 [2]

科技炒作者

在许多科技领域都存在这样一种不断增长的趋势，那就是部分媒体、管理部门、投资者和公众迫切寻求新技术并消费它们。大量的媒体关注和投资涌入一些技术领域，又离开一些技术领域。我称背后的这些驱动者为"炒作者"。

他们消费着。

他们哄抬股价，逢高卖出。

最终，他们又离开了。

媒体对特定科学技术的疯狂报道与快速涌入的投资资本之

间的相互影响比以往任何时候都要明显。这在很大程度上是一些做金融市场研究的小公司构成的小产业在其中发挥作用。它们把社会媒体报道作为金融市场价格活动的首要指标。

这也是 2017 年年底和区块链相关的技术领域产生市场泡沫的一个动因，它也以某种方式影响了其他行业，导致这些技术的估值上升到了天文数字的水平——结果却眼睁睁地看它们大幅下跌。

一些公司对技术掌握得很成熟，并且把握得也很好。

但是仍有一些公司仅仅是站在炒作风口，没有技术积累，却还希望一切顺利。

当投资者对其投资的技术一无所知、媒体的报道铺天盖地的时候，通常就会发生这种情况。即使当市场对某种技术不再狂热，继而转向另一种科技驱动的市场去狂欢时，人们对这种技术仍是一知半解！

一种技术或者某个领域不能被完全了解，这在很大程度上是由于对问题的一知半解。这是很危险的！"知识浅薄实在危险，要么痛饮，要么切勿品尝缪斯之泉^注。"这其中的含义已经在很多行业中显露出来。2017 年负盈利的首次公开募股（initial public offering，IPO）数量都快要打破纪录了。

注：出自英国诗人蒲柏的《批评论》。

2018 年负盈利的 IPO 的总数恐怕要创历史新高了！

大家都快些明白这一点吧！

这些公司在证券交易所公开发行的股票有着几十亿美元的估值，但是它们却一直在赔钱！

这些公司不赚钱！

这些哄抬股价、没有原则的金融市场活动影响了大量的科技公司，同时也冲击着其他行业。炒作引发的投资泡沫很可能会继续存在。对某些技术领域更是如此！因为相关投资人对这些技术知之甚少。

处于商业化边缘的量子计算

量子计算的发展不应操之过急。

但是炒作者来了！

当迈过从最小可行性产品到商业化应用的关键一步后，量子计算将显示它的潜力。这也会是将此技术向前推进一步并加速其发展的时刻，要不然量子计算就会仅仅成为喂养那些如蝗虫般蜂拥而至的炒作者的素材。

因此，量子计算也处于由于被炒作而引发投资泡沫带来的风险之中。

先于炒作者得知消息

我写作此书的原因就是让你在炒作者到来之前得知消息，帮助你了解关于量子计算你需要知道些什么，这样你就可以知道为什么量子计算那么重要了。

你也可以知道量子计算在你的工作、职场或公司中有什么 / 没有什么可立即实现的重要应用。

在一次去纽约的旅途中，我同一名新闻主播谈了谈。我是从一家报道区块链炒作的主流媒体那儿认识这位主播的。2017年，伴随着区块链技术越来越热，不少公司的高层和投资公司免不了被卷入这场炒作风波中。对此我们都感到很惋惜。

他们需要认识到区块链的潜力，还要知道他们如何努力才能把这些潜力变现。

- 哪怕他们并不打算让公司在区块链应用上投入一分钱。
- 哪怕他们对实现区块链并没有任何具体的计划。
- 哪怕他们完全不了解区块链。

本来投资者对区块链的潜力并不了解，但是公司管理者和相关基金不能冒任何失去这些投资者的风险。毕竟，他们也需要炒者，虽然这些炒作者有的仅仅是鹦鹉学舌般地谈论着区块链的价值。

市场需要了解区块链潜力的人！

在量子计算领域，市场同样需要了解相关技术的管理者、基金顾问和咨询顾问。

本书将帮助你了解量子计算的相关背景知识。这样你就可以区分谁是那些只会动动口舌的人。那些人张口便谈论量子计算的价值，却对这项将要实现的技术所伴随的机遇、限制、挑战与风险一无所知。

截至 2018 年 10 月，区块链已经发展了 10 年，但是量子计算仍在最小可行性产品阶段迭代发展，还没有任何商业上的可行性。

未来的发展是有希望的，但是挑战也摆在面前。

重要的问题

在我们开始谈论前，先回答几个关于量子计算的重要问题。这些可能是关于量子计算最重要的，也是最基本的问题。这些问题也是启发我写作此书的重要因素。回答中的若干术语可以在书末的术语表中找到解释。

• 问：什么是量子计算？

答：量子计算是一种在计算数据处理中使用量子比特而非经典比特的技术。量子计算数据处理利用的是非确定性的并行计算，在处理复杂问题时，使用这种方式的速度比使用标准的基于经典比特的计算方式更快。

● 问：什么是量子比特？

答：量子比特是基本量子数据单位。量子比特可以处于
"0"和"1"两个状态的叠加态。普通经典计算机（即传统
计算机）利用二进制码"0"和"1"来进行运算，而量子计算
机中发挥关键作用的则是量子比特。

● 问：什么是量子物理？

答：量子物理是起源于20世纪初的一门物理科学。量子
比特可以同时占据两个状态。对量子比特进行测量会破坏量子
态。测量会让量子态坍缩到众多本征态中的一个。

● 问：量子计算会在哪里进行？

答：量子计算可能在下面两个地方进行。它可以被放入你
的个人计算机中，使你的个人计算机同时具有量子计算处理能
力和传统计算处理能力。或者，你可以从云端获取量子计算能
力，正如其他云计算处理方式一样，你也可以开通或关闭云
服务。

● 问：量子计算的费用是如何分担的？

答：安装在个人计算机中的量子计算处理器的费用是
完全由其拥有者负担的。对于云端的量子计算方式，需要一种
基于使用的商业模式：你只需要为该服务付费，即量子即服务

（quantum as a service，QaaS），就像软件即服务（software as a service，SaaS）一样。

● 问：我是否会在日常生活中注意到量子计算？

答：你的生活会受到量子计算的冲击。它强大的计算处理能力可以加速科学发现、攻破区块链并且引发全球网络安全军备竞赛。但是你并不会发现你现在用的数字计算机界面有大的变化，因为量子计算将体现在计算机内部的变化或者云端硬件的升级上，并不会涉及一个正常UI/UX软件界面的改变。量子计算不是一个新的互联网，而是一种新的计算方式，它会带来硬件上的改变，虽然这是十分重要的改变，但是大众很可能注意不到。

● 问：对于利用量子计算，我需要知道什么？

答：如果你不清楚计算机内部处理器硬件的工作原理，你自己不必将其升级到量子级别。对于编程，同样如此，如果你不是软件工程师，你也不用将软件界面改变为兼具量子处理器的界面。但是，量子计算将会使你受益。你要准备好迎接它！

我需要这本书

2018 年，当我同客户对话时，谈论的主题不可避免地转向量子计算，因为量子计算具有破坏和影响基于密码学的区块链技术的潜力。这意味着我需要给他们提供一些东西来回答他们的问题。

如果我将本书推荐给你，你能够回答他们的问题，那么恭喜你！

如果你通过阅读本书，可以理解对本章中提及的问题的回答，那么我的工作就完成了。这极其重要，因为人们需要知道量子计算是什么，以及为什么量子计算对你重要（或不重要）——但是很多人都不知道。

当然，我刚刚回答的问题只是关于量子计算的一小部分问题。本书将会深入探讨这些问题并且探索量子计算的更多方面。

写作本书的三个目标

在我深入讨论量子计算令人兴奋且复杂的细节以及它对于商业、职业、经济和科研的意义之前，我想要向本书的读者分享我定下的三个目标。

这三个目标也可以更完整地帮助我回答是什么促使我写作本书。

第一个目标

帮助你理解量子计算的关键要素，包括它的起源、对它的需求以及量子计算技术的主要特性。

在本书中，你将会看到几个拥有重要潜力的量子计算特性，同时，本书也会介绍它的局限性。

这是重要的基本信息。我不会写复杂的方程，也不会讲复杂的物理，但是你要知道量子计算是从哪里来的，以及量子计算是如何工作的！

你会看到量子计算是如何从量子力学中诞生的。这同 20 世纪初众多获得诺贝尔奖的物理学家的工作是密不可分的。这些物理学家包括尼尔斯·玻尔（Niels Bohr）、埃尔温·薛定谔（Erwir Schrödinger）、阿尔伯特·爱因斯坦（Albert Einstein）和沃纳·海森堡（Werner Heisenberg）。

你还会了解当今的一些量子计算理论以及相关技术的发展情况。

第二个目标

帮助你理解量子计算给科学研究、计算、网络安全、区块链以及其他形式的密码学带来的潜在的、巨大的冲击。

我会在本书中讨论量子计算技术的应用，以及它对真实世界的潜在冲击。

第三个目标

帮助你了解量子计算的来龙去脉，建立自己的认知体系，从而考虑如何应对量子计算带来的潜在的、巨大的冲击。

总之，本书的主要目标便是为你描绘量子计算的未来图景以及弄清楚它会给你带来怎样的影响。

我的资历

谈论量子计算之类的技术所带来的冲击，我是完全有资格的。因为与未来学家研究所研究的其他技术一样，量子计算是一种可以给经济、商业以及金融市场带来广泛而巨大冲击的技术变革。因此，我还在未来学家研究所录制了一个以量子计算为主题的课程。

量子计算拥有巨大的风险，不仅在于它惊人的价值潜力，还在于它破解加密技术所带来的重大下行风险。

量子计算同未来学家研究所的未来学家和长期分析师认证项目课程涉及的其他主题很类似。因为量子计算也会对商业、经济、金融市场以及职业产生影响。

这就是未来学家研究所要开设一个关于量子计算的课程的原因，也是我们开设所有课程的原因。这是人们需要了解的重要科学技术。在未来学家研究所，我们帮助管理者、分析师、战略制定者以及专职人员了解这些新兴技术带来的风险，让他们可以更好地制定关于未来的决策与发展战略。

这是我工作中的重要部分。

作为未来学家研究所的所长，我监管这一知识共享、构建认知的过程，并将新出现的技术风险纳入世界 500 强企业、投资公司、北大西洋公约组织及其他不同国家的政府实体、初创公司以及非政府组织的实际战略规划。

2018 年，我开始在给管理者、投资者、商业领袖以及政府官员的演讲中加入关于量子计算的讨论。

在 2018 年 9 月出版的《区块链的前景：新兴颠覆性技术的希望和炒作》一书中，我加入了量子计算的内容，因为量子计算可以破坏加密的区块链以及其他加密货币，或其他利用非量子加密的加密技术。

这些经验使我有能力与你分享我对历史事实、经济观点以及技术专长的综合看法，这样你便可以对量子计算构建自己的未来图景（风险与机遇并存）。

关于量子计算的研究是目前为止我做过的科学性上最纯粹、数学上最具挑战性、理论上最聚焦的工作之一。简单来说，我阅读了大量关于物理概念、数学公式以及计算理论的大部头著作，因此你不必再这样做了。

我写这本书是为了提取观点，来说明量子计算对你而言意味着什么。

所以你会知道关于量子计算什么值得期待！所以你可以击败炒作者！

准备好迎接这一新的计算方式！现在，让我们开始吧！

第一章　我为什么要写这本书

第二章

急需
计算革命

量子计算技术并不是可选的，也不是想发展就能随意发展的。

事实是，我们急需发展量子计算技术！

这是因为算力有其潜在限制。实际上，很多相关技术工作者都会谈到当前算力面临的困难——摩尔定律的逐渐失效给算力提升带来的限制。

以英特尔公司创始人之一戈登·摩尔（Gordon Moore）的名字命名的摩尔定律（Moore's Law）意味着算力翻倍的同时成本减半[1]。

这使得提高计算机处理能力的技术更加强大且成本更低。图 2-1 展示了遵循摩尔定律的计算机处理能力的发展趋势。

但是摩尔定律正在失效[2]。成本下降的同时，算力可能不会再提升了！

实际上，现在唯一的解决方法是使用"更多的处理器"来提高算力，而不是使用更好的处理器。

数据的急剧增加带来了一个非常大的问题。毕竟，如果想分析收集到的数据，那么就需要有能够处理这些数据的处理器。随着我们收集和存储的数据量不断以抛物线趋势增加，对这些数据进行处理将变得越来越有挑战性。

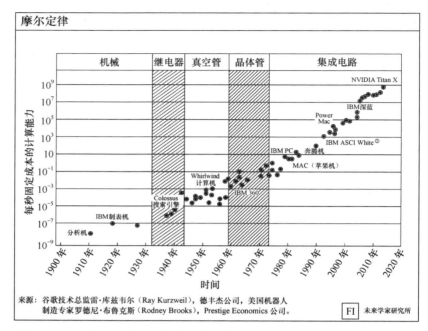

① 2000 年 6 月，IBM 公司宣布，其超高速计算机 ASCI White 是为美国能源部"提高战略运算能力计划（Accelerated Strategic Computing Initiative, ASCI）"研制的。

图 2-1　遵循摩尔定律发展的计算机处理能力的趋势 [3]

2018 年 10 月，在休斯敦举办的一次会议上，谷歌公司某高管指出，2016—2018 年收集的数据量比人类之前任何一个历史时期产生并收集的数据量都要大 [4]，这让数据量的问题更加直观。

商业跟数据是息息相关的。寻找客户、降低成本、选择下一个创业项目和优化活动方案都需要通过数据分析来进行。

如果数据集对当前算力而言过于巨大，那么很可能导致数据分析系统瘫痪。

如果处理更多数据的唯一方案是使用更多处理器而不是使用更好的处理器，那么分析数据的成本将随着数据量的增加而增加。换言之，为了完成数据处理任务而购置更多处理器所产生的成本也将呈抛物线趋势增加。

技术圈的人士称购置更多处理器的方案为一种"蛮力"办法[5]。技术专家、科学家和未来学家使用"蛮力"这个词是因为这种方法并不具备创造性。

这是一个使用金钱而不是科学创新解决问题的方法。它只是在解决实际问题时使用了更多的处理器，而不是推动计算处理能力产生重大变革！

但是量子计算可以解决这些问题。

量子计算有潜力带来下一代处理器，并给我们带来更强大的计算处理能力。

一旦量子计算实现商业化，它的成本就会下降，这也会使其成为处理我们收集的海量数据的经济可行的方案。那时我们便不再需要通过购置大量处理器来处理海量数据。

由此可知，拥有量子计算不再仅仅是一件听起来很酷的事情！

为了公司的未来发展与盈利，每家公司都堆积了大量的数据。为了满足处理大量数据的需求，引入量子计算具有实实在在的必要性！

这意味着我们需要向前迈进。我们需要量子计算！

事实上，量子计算是不可或缺的。因为现在创造的大数据的体量已经达到历史顶峰，它还将以飞快的步伐扩大。

我称公司面临的种种数据挑战为公司 NP 问题。

这类问题涉及非常复杂的实时效率优化。它们出现在大量逻辑网络中，出现在拥有海量策略数据的金融市场中，还出现在医疗以及其他科研领域中。

公司 NP 问题 [6]

在我像《爱丽丝梦游仙境》中的爱丽丝突然掉进了兔子洞一样奇妙地陷入量子计算的过程中，我碰到了数学家、计算理论家以及科学家经常谈到的 P 问题以及 NP 问题 [7]。

P 问题是在多项式时间复杂度内可计算并且可判定的问题。

这就像是简单的代数问题。计算 1+1 和判定 1+1=2 应该一样快。进行计算，你需要进行 1+1 的加法；判定这个等式是否成立，你也需要进行 1+1 的加法。

NP 问题是非确定性多项式时间问题。对此类方程的判定要远比计算简单。实际上，一些 NP 问题被认为是难解的。"难解的"在数学和科学领域基本上意味着到目前为止是不可解的 [8]。

我想要介绍的第三类计算问题是 BQP 问题。这是有界误差量子多项式时间问题，它包含 P 问题、NP 问题以及量子计算机可以解决的其他问题。

一些计算理论家可能对"公司 NP 问题"一词的使用持有不同的观点。因为并不是所有通用商用级别的量子计算机可以解决的问题都是 NP 问题。此外，使用量子计算机可以解决 NP 问题，这意味着这些问题也属于 BQP 问题，对此我是认同的。

尽管如此，我仍认为使用这个词是合适的，因为 NP 问题是可解决的。本书第六章中讨论的大多数真实场景下的应用案例中的问题应该都是可以解决的，特别是对于最优化、异常值检测和提高大数据处理能力的问题。利用足够的量子比特进行计算，提供合适的数据以及通用、友好的 UI/UX 数字界面，这些量子计算的应用应该都是可以实现的。

但是量子计算可能会引发一个问题是 P 问题还是 NP 问题的争论，因为 BQP 问题是包含 P 问题和 NP 问题的量子计算问题。

我将在第六章中讨论量子计算机解决公司 NP 问题的应用案例。这些问题的关键点在于计算这些复杂的多变量问题会花费很多时间，并且这些时间要比检查它们的答案是否正确花费的时间多得多。这也是量子计算机可以大展拳脚之处！

量子计算机能够更快地找到某些 NP 问题的解，因为它可以进行并行计算，并在这一过程中将正确解保存下来。实际上，这个解不一定是正确解，但至少是最有可能的正确解。

这是由于量子计算具有非确定性、概率性，以及通过破坏性干扰过程去除非理想结果的量子并行性 [9]。事实上，量子计算在解决多变量的复杂问题上要比经典计算更有效。这是因为量子计算不是在一个时刻检验一个确定解，而是通过并行计算在一个时刻同时检查多个解。

这种计算以及非确定性计算过程使得量子计算在科学领域和商业用途中都有重要的应用。

我简单讨论一下量子计算技术以及与之相伴的并行计算是如何解决一些经典计算无法处理（或几乎无法处理）的科学问题和公司 NP 问题的。

举个例子，我们考虑如何最大化线上订购电商产品的实时运输效率问题。这对一个公司来说是一个十分有用并且有价值的计算问题。这个计算问题会涉及有大量变量的庞杂数据集。

当然，这种数据分析现在可以选择以静态方式进行；但是随着待优化的数据量的增加，你所能够进行分析的数据量以及分析的速度会受到很多限制。

利用量子计算，你可以处理现在处理不了的有众多变量的数据集。

另外，处理电商产品的运输问题时，需要同时考虑线上商品订购情况的实时变化、车辆的燃料情况、司机的驾驶时长、交通状况、天气条件，以及车队车辆的位置等因素，这个包含大量变量的 NP 问题的解就是实现分配线上订购商品的最优效率的路径。

这个电商产品运输问题的解是实时变化的，用量子计算求最优解会给公司带来很多益处。如果很好地利用量子计算，这个问题的解还会带来重大的经济效益。

另一个更具科学意义的 NP 问题是通过分析大量数据资料来进行更快速的疾病诊断以及疾病治疗。这可能会带来从未有过的高效治疗方案。

当你有大量的变量要控制时，是很难找到最优解的。当你要在公司 NP 问题中添加变量时，会使得这些问题更难解决或者在可行的时间内不可解决。

这意味着，由于计算能力的限制，现在我们不能对数据进行所有我们想要的分析。即使现在可以进行一些计算，这些计算的速度可能也没我们想要的（或需要的）那么快，或者说我们还欠缺包含一些计算选项的能力。如果需要包含更多的计算选项，就需要更强的计算能力。此外，我们产生和收集的数据量正呈抛物线式增长的趋势，我们不希望在未来还是以同样的数据分析能力来应对这些日益复杂的问题。

但是量子计算可以处理超出目前经典计算和统计处理能力的大量数据，帮助我们提高透过数据看清问题本质的能力。

量子计算还有重要的密码学应用。量子计算可以攻破当前的密码技术，也可以在未来保护我们的信息安全。

一旦某个国家政府拥有量子计算的能力，其带来的密码学变革可能成为一个关键问题，那将是一个全球瞩目的大事件。我将在第八章深入讨论量子计算带来的机遇。

简单来说，量子计算可以帮助解决商业、医疗、技术和科学领域的问题，它还将在我们向下一阶段的密码安全迈进的过程中发挥重要的作用。

这就是我们急需量子计算的原因。

这不仅仅是一项可选的、值得拥有的技术！

现在，关于量子技术革命的重要性，我希望你可以记住下面的几项要点。

● 摩尔定律正在被打破。

- 收集的数据量正以极快的速度激增。

- 量子计算是最终有效处理庞杂数据集的不可或缺的工具。

- 公司 NP 问题为量子计算分析数据提供了巨大的商机。

- 对于大量需要实时优化的多区域、多输入、多源数据集，当前的计算能力可能不能支持对它们的处理，但是当量子计算商业化后，我们便可以对其进行处理。

- 网络安全和密码安全的需求让量子加密成为必需。

接下来，让我们谈谈量子计算是从哪里来的吧！

第三章

量子计算的
起源

在这一章中，我们来谈谈猫。

众多关于量子计算的图书都谈到了"薛定谔的猫"。但在提及这只被关在盒子中的猫之前，我们需要先谈谈量子计算的历史以及它的起源。

量子计算是一种新的计算方式。在许多重要的方面，它不同于经典计算，而这正是我们要讨论的重点。它将引领我们深入现代物理学领域。

本书将面向大众，特别是商务人士，而不是物理学家。因此在本章和后续各章中讨论量子计算机背后的技术时，我的主要目的是帮助读者理解量子计算为何是重要的，以及它对于我们的工作和生活有什么意义。

当在审视其他如超级高铁或区块链等新兴技术时，我也采用了类似的方法。我尽量避免陷入底层技术的"泥潭"中，而是更关注如果这些技术朝着它们可能的方向发展，将会给经济、职业和社会带来哪些影响。所以，我试着继续按照这种框架来讲。

从经典计算转变到量子计算带来的规模化变化

我认为，可以将从经典计算转变到量子计算带来的规模化变化看作从骑马到乘坐汽车的变化。在这种情况下，运输能力就不仅仅是成倍增长了。尽管如此，即使在今天，我们有些时候仍然用"马力"表示机动车功率的大小。

基于对历史上数据处理能力的观察，可以知道量子计算有类似的潜力，可以带来这种巨变。

如果计算机具有量子计算处理能力，那么当前吉赫兹（GHz）级别的处理器或能提升至太赫兹（THz）级别 [1]。

这意味着量子计算机能够以比当前经典计算机快 1000 倍的速度来操作、处理数据以及执行计算。量子计算很有可能在下一个 5 年内实现商业级别的应用。

有什么新鲜事物？量子比特！

那么是什么驱动着量子计算机的发展呢？是什么新东西让它们变得与众不同呢？

这时候物理比特登场了。同样，我们将尽可能简短地探讨一下。但是你要了解的最重要的一点是量子计算机使用的计算单元和计算逻辑不同于经典计算机 [2]。

经典计算机使用的是状态为"0"或"1"的比特，2018年之前投入使用的都是这种计算机。

这些"0"和"1"是经典计算机的基石。

量子物理学家和计算机科学家通常将这些经典计算机称为图灵机，因为艾伦·图灵（Alan Turing）是第一个提出图灵机模型的人。第二次世界大战期间，英国的情报人员利用他设计的机器破译了纳粹的恩尼格玛密码机的密码。

图灵机的底层编码是二进制码"0"和"1"。采用这种方式存储的信息，其每个单位为 1 比特（bit）。

但是量子计算机不是图灵机。它们不使用处于状态"0"或"1"的二进制码或比特。它们使用的是量子比特（qubit）。

量子比特可以处于状态"0"或者状态"1"。由于量子叠加原理，量子比特也可以处于叠加态，即同时处于状态"0"和状态"1"。

可以简单地将不同叠加态想象成光的调光开关，"1"表示处于全开状态，"0"表示处于全关状态。全开和全关状态的"1"和"0"是本征态（eigenstate）。本征态是一个物理术语，大概可以理解为"纯的状态"。但是调光器的其他状态是全开和全关的混合状态。这种"0"和"1"同时存在的混合状态被称为叠加态。

一个量子比特的状态要比一个调光开关复杂得多。量子力学中的叠加通常由布洛赫球上的位置来刻画，见图 3-1。

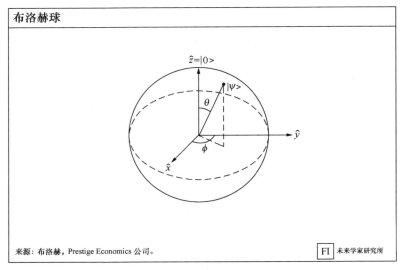

来源：布洛赫，Prestige Economics 公司。

FI 未来学家研究所

图 3-1 布洛赫球 [3]

当谈论量子比特的叠加时，还会有一个问题。

量子比特可以处于叠加态。但是当你测量一个量子比特时，它只能是两个本征态中的一个，即要么是"0"，要么是"1"。普通比特的这两个状态正是测量量子比特时，该量子比特坍缩后的状态。量子比特坍缩后的本征态的值被称为本征值。这也是一个物理学上的术语，指那些非叠加本征态的值（"0"或"1"）。

被观测的量子比特将要坍缩到哪个状态由概率确定。本质上，如果它距离某个状态较近，那么这个较近的状态更有可能成为坍缩后的状态。换句话说，如果这个量子比特在量子态空间中距离"0"更近，那么它很可能会坍缩到"0"；如果它距离"1"更近，那么它更可能会坍缩到"1"。

　　量子比特处于叠加态的性质基于量子力学。量子力学是起源于 20 世纪的物理学科，它对传统物理概念提出了挑战。现代物理学史上很有名的一些诺贝尔奖获得者都在 20 世纪上半叶参与到关于量子力学的讨论中，其中有玻尔、海森堡、爱因斯坦和薛定谔[4]。

关于量子态的不同观点

　　玻尔和海森堡支持所谓的哥本哈根诠释。然而爱因斯坦和他的同事们发表了一篇文章，提出 EPR 佯谬来挑战哥本哈根诠释；薛定谔同样反对哥本哈根诠释。

　　从根本上来说，玻尔和海森堡认为一般情况下物理系统在被测量之前没有确定的物理观测量。这与"多世界"的概念相关，"多世界"理论告诉我们可以同时存在多种现实世界。此外，哥本哈根诠释基本上将量子态坍缩至本征态这一现象归因于观测者。或者说，仅当量子态被观测到的时候，才会从量子系统众多本征态中选定要坍缩到的本征态以及相应的本征值[5]。这意味着，只有当我们进行测量的时候，"多世界"才会坍缩到其中的某一个世界，并成为现实。

　　爱因斯坦和薛定谔强烈地质疑这一观点。爱因斯坦认为这一观点"不完备"，并且与他在普林斯顿大学的同事们共同提出了"EPR佯谬"[6]。

薛定谔按照这一想法提出了著名的悖论实验。这是一个关于一只关在盒子中既死又活的猫的实验。在这个实验中，有一只猫、一瓶毒药、一个铁锤和放射性元素，猫、毒药与铁锤、放射性元素是分开的。放射性元素有50%的概率衰变，并触发装置使得铁锤掉落砸向毒药，毒药被释放出来，从而杀死猫。但放射性元素仍有50%的概率不发生衰变，装置不被触发，从而猫不会死[7]。

用哥本哈根诠释考虑这个系统，则这个系统中的所有部分都处于量子态，包括理论上既死又活的猫在内。即使这个系统被分到两个不同的盒子中，依然如此。这意味着只要你观察两个盒子中的任何一个，就会发生量子坍缩。但如果只观察装有铁锤与放射性元素的盒子，猫仍可以同时处于生和死的状态，并没有发生量子坍缩，这一悖论是对哥本哈根诠释的直接挑战，也凸显了哥本哈根诠释的局限性。

量子态还有另外一个重要属性，这个属性与量子比特实验相关，薛定谔称之为"纠缠"（entanglement），爱因斯坦称之为"幽灵般的超距作用"[8]。正是量子力学的这一属性让量子系统可以超越距离相互联系起来。换句话说，你可以像在"薛定谔的猫"思想实验中设置两个盒子一样，用分隔物将量子系统分隔开，也可以通过遥远的距离将量子系统分开。但是，这些系统的行为仍会相互关联，显示出非定域性。这些量子系统是纠缠的，粒子虽然相距很远，但是处于纠缠态的粒子的状态仍会受系统中的其他粒子状态的影响。

在深入量子比特的物理学特性以及爱因斯坦称为"幽灵"的东西之前，让我们回到你需要知道的事情上，那就是量子比特可以处于叠加态，即同时处于状态"0"和状态"1"。虽然处于叠加态对量子比特和亚原子粒子来说是很容易的，但是对猫或者更宏观的物体来说，同时出现在两个地方就十分困难了。

第四章

量子计算如何
带来技术变革

利用量子比特处理计算比利用传统二进制比特处理计算更快的原因，在于前者可以对整个系统进行大量的并行计算。从计算的角度来说，就是在执行计算的过程中，问题的错误解被不断地扔掉了。

这也意味着量子计算机的计算和运算是非确定性的，这与经典计算机的情形很不同。经典计算机利用确定性操作得到解，一个时间段处理一个过程，而不是进行一系列的并行计算。

量子比特处于叠加态，即同时处于状态"0"和状态"1"，只有当量子比特被测量并以某一概率坍缩至某一个本征态时，量子态的本征值（"0"或"1"）才可以被确定。这是量子计算的概率成分。

但是由于量子不同寻常的特性，一些物理上的挑战使得量子计算发展得比较缓慢。

几位物理学家提到，"量子力学的特性赋予了量子计算巨大的能力，同时也使得量子计算有其限制"[1]。但是我们对此完全不必吃惊。毕竟，爱因斯坦所言的"幽灵般的超距作用"听起来并不像是一个初中生在他的物理课堂上就能掌握的。

事实上，量子计算仍需几年的时间才能准备好迎接早期商用。是几年，不是几十年！现在，量子计算正在一系列的技术进步中前进。

建造量子计算机的物理材料有很多限制，更多的研究正在推进这方面的进展。对整个系统而言，面临的最大挑战是导致量子系统相干性消失的退相干和容错性能的缺失[2]。实际上，量子系统中的误差干涉和噪声都可能导致量子计算失效，量子比特会坍缩到一般的比特。为了使量子比特处于量子态，应消除干涉效应。这也是为什么当前"真正的"量子处理器被置于接近绝对零度（稍高于零下273摄氏度）的环境中。

与其他新兴技术相比，量子计算最大的不同之处是，由于量子计算的本质，它同时需要软件和硬件方面的改变。这一新技术需要自定义接口。这与机器人领域的情形是类似的，因为物理世界中运行的机器人需要被植入程序，而这是在远离现实世界的云端上进行的。

这并不是说某一天你的家中会有一台巨大的量子计算机，并且需要将其置于接近绝对零度的环境中，就像IBM、Rigetti Computing和D-Wave公司的量子计算原型机一样。但是你可能会在云端利用这项技术，以一种QaaS的方式，就像你拥有一个可以按需访问的处理器。这与许多其他基于技术运用的应用程序很像。

此外，量子计算将会是进行数据研究的"金矿"。

数据分析方面（包括大数据分析、预测分析和人工智能）

的改变需要应用量子技术。此外，量子计算可以帮助我们提高通过案例数据看清问题本质的能力，而这些数据以当前的计算和统计能力是处理不了的！

但是量子计算对区块链和其他加密技术而言会是一个灾难性的解密手段，同时它会带来一次密码变革。实际上，量子计算的一个潜在应用很可能就是在破解密码和加密方面，它会让当前所有的网络安全手段变得毫无用处。

无论量子计算会带来怎样的机遇和风险，它都可能是计算领域的重大变革，可能带来巨大的破坏！

发展中的
三种量子计算机

在本章中，我要谈一谈 2018 年正在发展的 3 种量子计算机。

你很可能不知道当前计算机和手机中的技术细节，这没有关系，但是对量子计算机有个大概的认知是很重要的！特别是当涉及后端硬件的更改对计算能力的潜在影响时。

理解量子计算机的发展和它面临的挑战是十分重要的。因为这会让你知道我们正处于 S 曲线中的哪个位置。

当未来学家、技术专家和投资者描述一项技术的实施、商用和大规模应用时便会谈到 S 曲线。你可以在图 5-1 中看到一条 S 曲线。

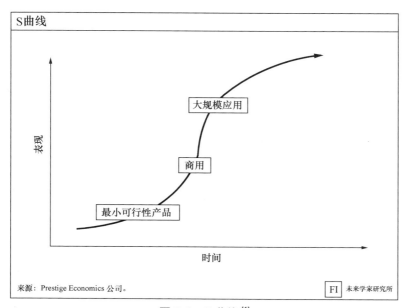

图 5-1　S 曲线 [1]

　　S 曲线的左下角刻画的是一项技术正在努力实现最小可行性产品的阶段，这是该技术努力存活并趋向商用的阶段，即第一阶段。

　　在技术产品发展过程的第二阶段，技术产品实现商用，发展处于 S 曲线的中间位置。市场投放不断增加，这会一直持续到技术产品发展的第三阶段。在第三阶段，成熟的产品会大量投放市场。

　　无论如何，量子计算的发展还处于第一阶段。你可以在图 5-2 中看到这一点，我在图中标出了量子计算所处的发展阶段。

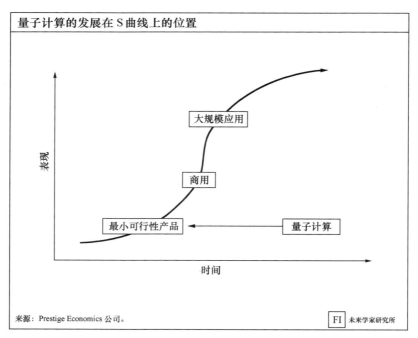

图 5-2　量子计算的发展在 S 曲线上的位置 [2]

量子计算已经具备最小可行性产品，它正处于努力实现商用的过程中。

有趣的一点是，虽然有很多不同种类的初期最小可行性产品，但是有 3 种主要的量子计算机在 2018 年第四季度初已处于商用前的发展阶段。

量子计算技术正在飞速发展！所以看起来很有可能很快就会实现商用。如果量子计算实现不了商用，会发生什么事情呢？请翻阅第十二章中的相关讨论。

量子计算商用的三个方向

在实现量子计算商业化的竞赛中，有以下三种类型的计算机正处于发展阶段：

- 传统量子计算机；

- 模拟量子计算机；

- 光量子计算机。

让我们来简单认识一下它们吧！

传统量子计算机

这种量子计算机是大多数人所认为的样子，如果他们曾看过照片的话。图 5-3 为 IBM 公司的量子计算机，看起来像蒸汽朋克枝形吊灯 [3]。这就是人们所说的真正意义上的量子计算

第五章　发展中的三种量子计算机

机。这也是 IBM、谷歌、D-Wave 以及其他一些公司正在研发的量子计算机。

在 IBM 公司的量子计算机中，微波脉冲会穿透到承载量子芯片的稀释制冷机的底部。这种类型的量子计算机面临着挑战，因为它的一部分要在接近绝对零度的温度下运行 [5]。

从实际操作的角度来

图 5-3　IBM 公司的量子计算机 [4]

讲，你不会想要在你的办公室中放置一台这样的量子计算机，或者将它作为你移动电话的一部分。这并不只是尺寸方面的原因，虽然尺寸是目前考虑的主要因素。从技术发展的第二阶段来看，更棘手的问题是温度问题。

这个吊灯状的装置需要被保存于接近绝对零度的环境下，因为量子态非常不稳定，并且对噪声（也被称作干扰）很敏感。噪声导致的干涉效应会降低量子系统的相干性。

为了保持相干性，抑制退相干，让量子比特很好地工作，需要将影响它们的干涉效应降到最低以达到很好的容错性能。

低温环境便可以实现这一点。

　　D-Wave 公司有一种和 IBM 公司的量子计算机类型不同的量子计算机，但是退相干仍是一个主要问题。你可以在图 5-4 中看到芯片的样子。这个芯片同其他众多真正的量子计算芯片一样，需要利用接近绝对零度的环境来抑制退相干。

图 5-4　D-Wave 公司的量子芯片 [6]

　　关于不同量子计算机的温度限制，另一个你需要记在心中的要点是，无论系统温度多低，量子计算机还是会因为较低的容错性能而导致退相干。伴随着量子计算向通用化演进，以及在沿着 S 曲线向商业化发展的进程中，这将成为一个具有可伸缩性的问题[注]。

除非容错问题和退相干风险问题得到解决，否则这些量子计算机将被放入服务器集群中，通过云端提供服务。这是绝对零度的物理条件限制导致的。

这是可行的。但是对一个成功的量子计算商业模型而言，处理器应该是面向主机的，获取量子计算的处理能力应该以预想的 QaaS 的方式进行。

正如许多其他技术变革模型一样，在 QaaS 模型中，用户会为使用处理器支付一定的费用。价格会根据数据集的大小、计算时长、行业应用或一次性协议来确定。

量子比特竞赛

当提起传统量子计算机时，未来学家和科学家们经常会谈起关于量子比特的竞赛。1998 年，一台有双量子比特计算能力的计算机出现了。到 2018 年 8 月，谷歌演示了 72 量子比特的计算机，初创公司 Rigetti Computing 宣布了其将要制造 128 量子比特计算机的计划 [7]。图 5-5 展示了截至 2018 年这场关于量子比特的竞赛的大致情况。

注：简单地讲，就是以更大规模来做现在做的事。

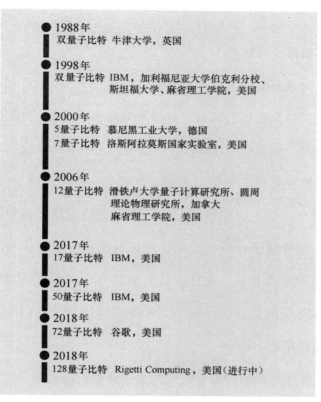

图 5-5　关于量子比特的竞赛 [8]

　　一台商用量子计算机可能需要有计算 100 万量子比特信息的能力 [9]。这还有很长的路要走！但是对于某些特定的量子计算任务，可能需要较少甚至少得多的量子比特就可以完成。不过这也取决于量子比特的相干性和器件的性能。我们还未走到那一步，但是量子比特的数量正在加速增加，我们期待更大的进步。此外，即使还存在很多现实的物理问题，市场上对量子计算机的投资和兴趣仍在增加！

模拟量子计算机

因为真正的量子计算机有很多物理限制，所以物理学家们便寻找方法来创造在室温下看起来像量子计算机，同时运行起来也像量子计算机的计算机，对此我们不必感到吃惊。

这给我们带来了第二类量子计算机——模拟量子计算机。科学家布莱恩·拉库尔和他的同事正在研发这种模拟量子计算机。这种量子计算机使用了一种模拟的、基于信号的量子计算机的仿真方法，这种计算方法具有一定的概率属性，这种属性与在绝对零度环境下工作的传统量子计算机的量子比特的属性相仿。

我发现利用模拟信号的模拟量子计算机很有趣，因为里费尔（Rieffel）和波拉克（Polak）曾提到过"量子计算在一些特征方面更接近模拟计算，因为模拟计算的计算模型不同于标准的计算方式，它允许使用连续的值而不是一个离散变量的集合"[10]。

模拟量子计算机的一个巨大优势是它可以在室温下运行。这一点很重要！因为室温下运行的模拟量子计算机在作为经典图灵机的协同处理器或次级处理器方面有很大优势。它可以用在手机、便携式计算机和物联网中。

同真正的量子计算机一样，模拟量子计算机也没有达到商用的水平。模拟量子技术同样有一些限制，这使得它成为在传统量子计算具有可扩展性之前的一种中间技术。不管怎样，我期待这个领域的研究可以更进一步。模拟量子计算机的限制比真正的量子计算机少，很可能受到更多关注。你可以在图 5-6 中看到模拟量子计算原型机的一部分。

图 5-6　模拟量子计算原型机的部分面板 [11]

光量子计算机

第三类量子计算机是光量子计算机。这个领域的主要研究者之一是杰里米·奥布莱恩（Jeremy O'Brien）[12]。他是英国布里斯托尔大学量子光子学中心的主任，也是初创公司

PsiQuantum 的 CEO。

光量子计算机侧重于使用大规模硅基光子集成电路，最终目标是实现"基于光的通用量子技术"[13]。这种类型的量子计算机有极大的优势，因为它"不受传统量子计算系统的噪声影响"，也不需要必须置于接近绝对零度环境的特殊芯片[14]。

虽然光量子计算机有一些涉及光子本质和电路复杂度方面的技术挑战和限制[15]，但是与模拟量子计算机一样，它可以在室温下工作。它需要的芯片就像其他任何一种计算机需要的芯片一样[16]。

光量子计算可以应用于大量器件中。但是与其他两种类型的量子计算机一样，光量子计算机仍在发展中，还在向商用化推进。

不管怎样，这3种量子计算机正在同时发展中。这意味着它们可以有不同的用途，也可能会在不同时期投入使用。

未来哪种量子计算机占据主流还并不确定。但可以确定的是，推进量子计算的技术正在向前发展。其中的某种或某些技术会成为最后的赢家，并帮助我们处理从医疗、供应链、金融市场以及公司优化问题等多渠道收集而来的数据。

第六章

行业应用案例

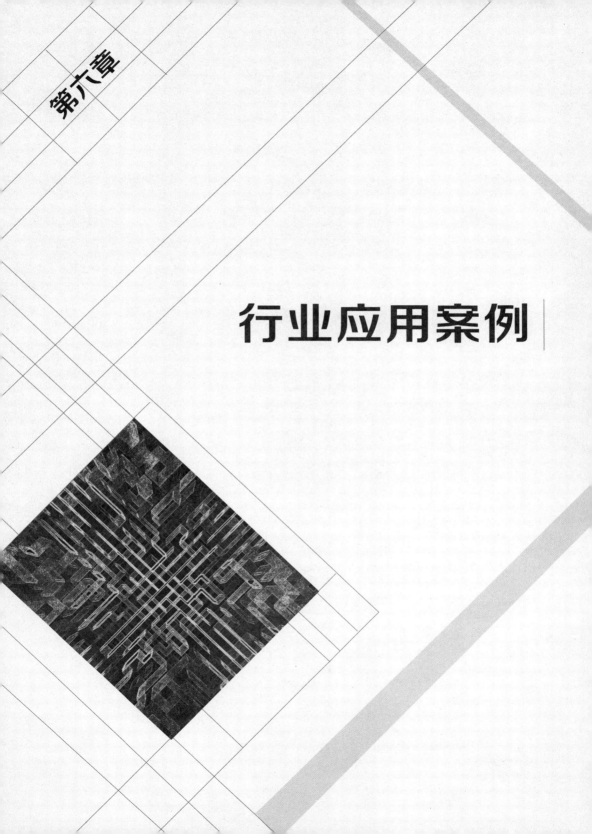

相信你已经了解了一些关于量子计算的知识，那么你可能想知道该如何使用它，以及量子计算最有价值的应用案例有哪些。

本章要回答的问题如下。

- 量子计算机可以用来做什么？

- 你需要一台量子计算机吗？

- 还要多久量子计算就会对你的行业和工作至关重要？

在本书中，我提到了一些由于量子计算的惊人潜力而可能受到显著影响的行业，包括医疗、电子商务、金融和与自然科学相关的行业。

当然，某些行业会从特定的新兴技术中获益更多，事实总是这样的。

量子计算也会证明这一点。

就像那些已实现可扩缩性[注]并且普遍应用的其他种类的计算机那样，量子计算机具有以一种通用的方式广泛影响很多行业的潜力。但就像经典计算机的情形一样，一些行业将会从更先进的计算能力中获益更多。

可能受益的行业

作为未来学家研究所的所长，我主持了一项分析研究，内

注：指软件系统能够根据负载的增减，在不同规模、不同档次的硬件平台上运行的能力。

容是关于各行业在量子计算领域的创业和商业机会。图 6-1 展示了我们的研究成果。我们确定了一些可能会因量子计算潜在的计算能力而获益的行业。这些行业大多需要处理大量的数据。

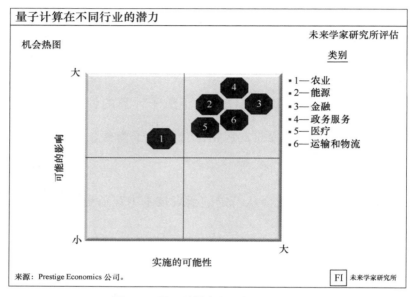

图 6-1 量子计算在不同行业的潜力

我们确定的行业如下：

● 金融；

● 运输和物流（如电子商务）；

● 能源；

● 医疗；

● 农业；

● 政务服务。

出于分析的目的，我们将自然科学、工程和数学领域的应用案例排除在外，尽管它们可以从量子计算中受益并具有巨大的科学意义和研究意义。我们将这些排除在我们的分析之外，是因为它们可能需要更长的时间才会对职业、商业乃至整个经济产生很大影响。

我在本章中进一步探讨的大量应用案例纯粹是理论层面的，因为具有通用的适用性并可以实现大规模商用的通用量子计算机还不存在。

基于这些行业已经存在的数据预测、机器学习和人工智能解决方案等应用案例，我们似乎可以合理地得出这样的结论：如果量子计算技术实现商业化，量子计算会将这些应用提升到更高的水平。

在未来学家研究所的"数据的未来"（*The Future of Data*）课程中，我讨论了人们定期利用大数据玩流行语宾果游戏的习惯，我所利用的 AI 或者机器学习技术实际上只是几层的布尔方程。

但是有了量子计算，真正的人工智能会成为一种更容易实现的技术。

在前文中，我已经把公司面临的大数据挑战确定为公司 NP 问题，量子计算可以帮助解决这些问题。这意味着用量子计算机可以找到某些困难问题的解，而且检验这些解是否正确比计算出它们要容易得多。

当谈论量子计算的产业机会时，我们需要将其视为量子计算最具价值的、潜在的、理论上的应用案例。当然，密码学中的应用案例在量子计算的潜在应用中占据重要位置，我们也将这些应用案例纳入了我们对量子计算潜在应用的评估中。

要对量子密码学进行讨论和研究的部分原因在于量子计算可能会攻破目前的加密技术。换句话说，量子计算既是解决问题的良药，也是满足量子密码学需求的根源。

这意味着数据预测、机器学习、人工智能和密码学等都是量子计算的应用领域，因此量子计算可以存在于经济领域的各个行业之中。我们对高效应用量子计算的 6 个行业优先进行评估。

让我们看看这 6 个行业中量子计算的潜在应用吧。

量子计算在金融行业的潜在应用

量子计算应用案例数量最多的专业领域之一是金融行业。在图 6-2 中，我们确定了量子计算在金融行业的 11 个潜在应用。考虑到金融通常是一个快速拥抱新技术的行业，尤其是在金融交易领域，这一点也不令人感到意外。算法交易员和技术交易的兴起已经充分证明了这一点。就连我的金融研究公司 Prestige Economics 也是利用算法交易每周动态发布技术分析的。

虽然在金融行业，数据分析、数据预测、机器学习和人工智能都不是新事物了，但量子计算可以帮助金融市场分析师实现更有效、更准确的预测。这是量子计算的一个具有极高价值的应用案例。

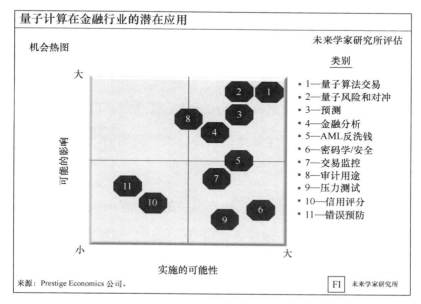

图 6-2　量子计算在金融行业的潜在应用

　　毕竟，如果你拥有市场上最优、最快速的交易模型，这通常会直接给交易公司带来最大化的利润。在金融市场上可以见到的数据量大到几乎不可思议。即使是最好的模型，它能够处理的数据量也是有限的。但有了量子计算，可以分析的数据量可能会大得多，这可以帮助交易员更准确地预测市场的价格走势，从而获得更大的利润。

　　这是一个来自金融行业的应用案例，但这可能不是该行业中价值最大的应用案例。

量子风险管理和对冲策略与量子算法交易类似，但可能具有更高的社会效益。这可能涉及使用与算法交易员所使用的相同的市场数据，但目的是降低交易风险，尤其是对公司而言。公司面临着各种各样的风险，涵盖了利率、外汇和商品价格等各个方面。当公司忽略这些风险或犯下错误时，就会对其收益产生不利影响，其员工可能会因此失去工作。采取更有效、更全面的风险管理和对冲策略可以帮助维持公司的收益水平，保住员工的工作机会。

其他基于市场的与量子计算相关的应用案例包括预测和金融分析。这可能会与预测或分析经济指标、市场或指数有关。确切的应用可能不像量子算法交易或量子对冲策略那样明确，但这确实是与量子计算相关的。

实际上，以上这 4 个应用案例的目的都是实现金融市场回报的最大化。它们也是量子计算在金融行业中最有实施潜力和可能影响最大的 4 个应用案例。

下面介绍的金融行业中另外 7 个量子计算应用案例与保护基金、满足监管需求或确保金融业务安全密切相关。

我们可以看到，量子计算在金融行业中的反洗钱、交易监控、压力测试和密码学等方面的应用上具有巨大的实施潜力，但其影响力或金融回报可能较低。

一个具有中等实现潜力但是具有巨大潜在影响的应用案例，是量子计算在审计中的应用。会计师们可能会对区块链上记录的无穷无尽的数据感到兴奋不已，但在审计中使用量子计算可能还要经历一个比较漫长的过程——尽管它在抽样和测试审计过程中可能是一个非常有价值的工具。

图 6-2 中列出的量子计算在金融行业的最后两个应用案例相对而言实施的可能性较小，而且它们的潜在价值也较低。它们是量子计算在信用评分和错误预防上的应用案例。

量子计算的并行非确定性过程有助于发现错误和异常，以及解决不断增长的数据量带来的棘手问题，这使得量子计算几乎成为金融行业从监管、审计到交易、预测等各方面的理想工具。

量子计算在运输和物流行业的潜在应用

量子计算不但在金融行业有很多潜在应用，在运输和物流行业也同样如此（见图 6-3）。

运输和物流行业拥有大量的数据，而且数据量仍在增长。在这个领域，大数据、数据预测、机器学习和人工智能正取得重大进展。量子计算可以将整个供应链的效率提升到一个新的水平。

在运输和物流行业，量子计算具有最高价值的应用案例与优化在供应链中运输货物的资源以及车辆的调度有关。

量子计算：新计算革命

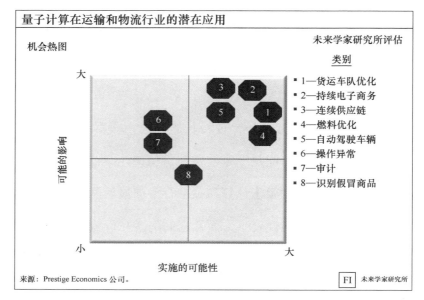

图 6-3　量子计算在运输和物流行业的潜在应用

在运输和物流行业，量子计算实施的可能性和影响较大的应用案例包括货运车队优化、燃料优化、持续电子商务、自动驾驶车辆以及最终形成的一个集零售、批发、配送、制造于一体的实时连续供应链。

麻省理工学院在供应链的高层管理教育和研究生教学中常做一个游戏——"啤酒游戏"。它旨在突出供应链中由缺失、不完整和未传达的数据带来的问题和挑战。这个游戏的结果总是相同的：供应短缺和供应过剩都会导致一种被称为"牛鞭效应"的现象，即消费市场需求的微小变化被一级级放大，传到商品的原产地，越是处于供应链后端的供应商，看到的需求变化幅度越大。这就导致了供应链规划难题以及供应链的膨胀，也会降低利润率。

拥有一个连续的、响应迅速的供应链来处理包括零售层面数据在内的大量数据，已经成为运输和物流行业亟须解决的问题。因此，量子计算的处理能力以及在优化问题上的应用潜力可能会使运输和物流行业成为部署量子计算的宝地。当然，这项技术的早期应用者可能会拥有巨大的先发优势，对其而言，需要充足的资金来部署早期商业化的量子计算。

众所周知，零售和批发的利润相当微薄。它们的利润最大化来自于效率最大化和物流最优化。量子计算在这个领域提供了一个理论应用案例。燃料优化也可能如此。随着自动驾驶汽车的不断投入使用，燃料优化在某种程度上也成为一个集风险预防和行驶过程优化于一体的问题。

除了优化供应链，还有推动运输和物流的效率最大化。与量子计算在其他领域的潜在应用案例类似，量子计算还可以识别供应链异常、用作审计工具，以及在一个系统内识别假冒的商品等。这些应用案例可能不会在物流和运输行业首先实施，但是它们可以带来巨大的价值，因为供应链需要进行全面优化和精简，以及识别和消除损害利润的异常情况。

量子计算在能源行业的潜在应用

未来学家研究所开设了一门名为"能源的未来"（*The*

Future of Energy）的课程，在课程中列出了量子计算在石油、天然气以及电力等能源行业中的一些关键潜在应用案例。

在能源行业，我们发现量子计算最有价值的潜在应用案例是在风险交易和对冲，以及套利交易中（见图6-4）。能源行业的交易价值主张[注]背后的原因与金融行业的理论交易价值主张的原因是一样的：有大量的数据，虽然已有相应的算法可以用来进行分析和优化，但更高效、更准确的模型始终是首选。而量子计算可能就是这一首选方案。

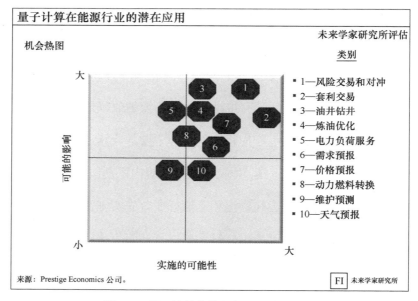

量子计算在能源行业的潜在应用

机会热图

未来学家研究所评估

类别

- 1—风险交易和对冲
- 2—套利交易
- 3—油井钻井
- 4—炼油优化
- 5—电力负荷服务
- 6—需求预报
- 7—价格预报
- 8—动力燃料转换
- 9—维护预测
- 10—天气预报

可能的影响

大

小

实施的可能性

大

来源：Prestige Economics 公司。

FI 未来学家研究所

图6-4　量子计算在能源行业的潜在应用

注：价值主张指对客户来说什么是有意义的，即对客户真实需求的深入描述。

类似的，在石油和天然气领域，量子计算的交易价值主张体现在可以用于预测商品价格、客户需求和天气。这些都是影响运营和公司利润的重要因素，它们都是由海量数据集的输入来驱动的。

在炼油领域，能源需求的预测和价格预测在操作上可能重叠，在这个领域，可以使用量子计算来优化操作。业界长期以来一直采用线性程序模型，但量子计算或许可以提供更快速、更优化、更具价值的解决方案。电力行业的炼油优化问题大多在于负载最优化和电力燃料转换（在煤、天然气和可再生能源之间转换）效率最优化。

在石油和天然气行业，使用量子计算进行钻井的地震数据分析也是一个很有价值的潜在应用案例。这些数据的体量非常大。要知道，在岩石中钻出一口完美的井是钻井者的梦想，也是独立的石油巨头和国家石油公司的期望。

这里介绍的最后一个在石油和天然气行业的潜在应用案例是维护预测。这可能不像燃料转换、套利交易或钻井那样令人兴奋，但使用量子计算在能源设施中创建更有效的预测维护程序对公司而言具有重大价值。这个行业可能不像我讨论的其他行业那么有影响力，但仍有可能利用量子计算。

量子计算在医疗行业的潜在应用

因为未来学家研究所录制了一门名为"医疗的未来"（*The*

Future of Healthcare）的课程，我们也考察了量子计算在医疗行业的应用潜力（见图6-5）。

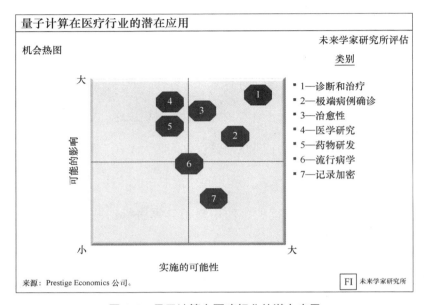

图6-5 量子计算在医疗行业的潜在应用

医疗是量子计算具有很大应用潜力的一个行业。量子计算可以用来解决医学中一些重大但往往难以解决的复杂问题，其最大的潜在影响很可能体现在诊断和治疗方面，以及在极端病例的确诊和治愈方面。换句话说，如果我们能足够快速地挖掘数据，那么就可以为包含大量个人数据的医学研究提供一些关键的见解。

量子计算提供了理论上的速度保证！

这意味着可以更快地筛选数据，以便更迅速地支持科学研究。这有助于新医学疗法的发现和应用，以及新药物的研发——这是治愈病情的两个关键组成部分。

在医疗行业，比发现疾病的治疗方法和加速医学研究过程更加实用的量子计算应用场景是提供更快速的自动诊断、制订医疗计划以及对极端病例的分析——利用量子计算可以帮助发现不常见的极端病例。

这里介绍的量子计算在医疗行业中的最后两种潜在应用是在流行病学和记录加密方面。

量子计算在记录加密中的应用很可能是必要的，而不仅仅是带来价值的提升。在流行病学的研究中，量子计算技术可以帮助排除那些可能没有接触过某种疾病的患者，或者在疫情发生时更快地识别出首位潜在患者。这可能具有很高的社会价值，尽管它可能不会带来与自动诊断和治疗、更快速的医疗研究和药物研究同等的经济回报。

量子计算在农业行业的潜在应用

量子计算在农业行业有一些潜在应用案例（见图 6-6）。虽然农产品价格的预测和价格风险管理在可能的应用中占据重要位置，但是量子计算在农业行业的其他方面也有潜在的操作价值主张。

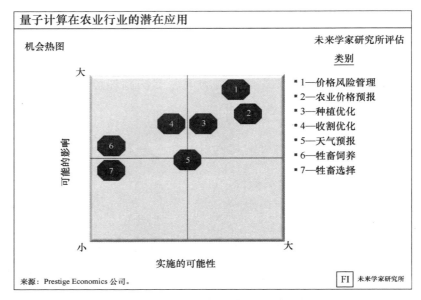

图6-6 量子计算在农业行业的潜在应用

　　量子计算在农业行业的潜在应用案例大多是在那些已采用过其他类型的分析方法的领域，如种植和收割领域。量子计算理论上可以提供更好的优化解决方案，并对与这些方案相关的数据进行更快速的处理。

　　天气预报、牲畜饲养和牲畜选择也可以成为量子计算在农业行业的重要应用领域。但是在这些领域，量子计算可能只具有较低的价值主张，而且我们的评估显示，量子计算在牲畜选择方面实施的可能性比其他在理论上具有较大影响的量子计算应用案例要小得多。

量子计算在政务服务行业的潜在应用

本章讨论的量子计算的最后一个重要应用领域是政务服务行业。目前理论上具有最高价值的量子计算应用案例和具有较低价值的应用案例之间有一个重要的区别，即具有最高价值的应用案例与国家安全和量子计算的潜力相关——从解密和量子加密的角度看都是如此。因此我们把网络战也纳入具有最高价值的量子计算应用案例中。

众所周知，各国一直在收集并保存着那些它们无法破解的加密信息。但是一旦具备了相应的处理能力，解密亦将随之得以实现。在这个过程中，可能会有重大的秘密被揭露出来，而且在量子计算的解密能力面前，还没有一种经典加密技术是安全的！

本书第七章将会对这一主题进行更加深入的讨论，这里我就不深入探讨网络安全问题了。我只想指出，这可能是量子计算总体上最重要和价值最高的应用案例。量子计算的竞赛已经开始，胜者将首先获知我们的秘密！

量子计算在国家安全方面有很高的价值和应用潜力，然而与之形成鲜明对比的是，量子计算在政务服务行业中的其他潜在应用的发展可能会滞后于其他许多行业（见图 6-7）。

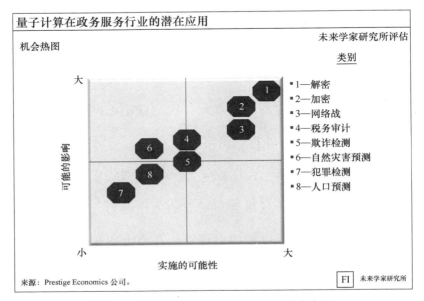

虽然量子计算可以用来标记纳税人以便于税务人员进行审计工作，或识别政府和非营利审计（即所谓的黄皮书审计）中的欺诈行为，但是这一应用案例远没有国家安全那么重要。

图 6-7　量子计算在政务服务行业的潜在应用

在政务服务的其他领域，都有可能找到量子计算的应用案例，但在应用量子计算的处理潜力应对当前挑战方面可能会滞后，这些挑战包括自然灾害预测、犯罪检测和人口预测。

当我们听到"自然灾害预测"这个词时，许多人可能会想到飓风。但是还有其他自然灾害（包括龙卷风、野火以及地震），它们更难预测，而且政府收集到的相关数据很少，预警能力也很有限。龙卷风比较理想的预警时间是以分钟为单位的。如果量子计算的处理能力能够应用于分析这些自然灾害的特点、发生的时间和带来的结果等方面的大量变量，那么这些灾害将会得到更加有效的预测。

考虑理论预期

在实现真正的或模拟的量子计算之前，我们所强调的行业中的公司会用"蛮力"来解决遇到的问题。目前，这些公司会为额外的经典计算处理能力支付费用，而不会从量子计算所带来的变革中获益。

此外，正如我在本书中多次提到的那样，我们对量子计算的潜在应用案例的期望目前还只是停留在理论层面，因为量子计算还远没有达到规模化的商用水平。看起来量子计算的商用将会实现，但是也可能无法实现！我将在第十二章进一步讨论其中的风险。

需求阈值

那么，公司何时才会投资量子计算呢？

对大多数公司而言，短期内投资量子计算或安装量子计算机并不必要——即使可以选择这样做。但有些事过犹不及、得不偿失。

当然，也会有一些公司因为投资者的原因对量子计算进行投资，以向炒作者展示它们是值得投资的。但事实证明，这些投资可能只是象征性的投资，目标是成为新闻头条，而不是挖掘量子计算的真正潜力。

这类似于区块链面临的挑战，你可以在任何地方使用它，但是在技术部署、成本和由区块链膨胀引起的时延方面的问题仍待解决。这是一个消极的挑战，即区块链上的数据变得过于庞大，以致无法有效或高效地对其进行处理。在这种情况下区块链会变得毫无用处——除了作为公关噱头。

简而言之，区块链膨胀问题带来的挑战意味着区块链不是所有工作的有效选择，量子计算很可能亦是如此。公司是不会对无用的、没有正向投资回报率的技术进行投资的，这类投资也是完全没必要的。

这意味着是否采用量子计算技术将取决于我所说的需求阈值。让我给你讲一个具体的故事来说明这一点。

当初创建 Prestige Economics 这家公司的时候，我需要选择一个统计软件包来进行预测和数据分析。微软的 Excel 还远远不够强大，而且缺乏更高级的统计软件包。因此，我便考虑使用我在研究生院学习应用经济学时用到的两个统计软件——Stata 和 SAS，之后我也将这两个软件用于其他的专业研究中。

Stata 的功能比 Excel 强大得多，它可以分析更多的数据。SAS 的成本大约是 Stata 的 10 倍。在我需要进行的分析中，SAS 的功能要比我所需要的功能强大得多。而我这家公司的需求还没有达到 SAS 的最低使用阈值，也就是说，我还没有达到 SAS 的需求阈值。

因此，我选择了 Stata。它的功能足够强大，可以做任何我需要做的事情，还可以做一些其他的事情，而且它的成本只有 SAS 的十分之一。

我们可以从中看到与量子计算类似的东西。

简而言之，小型研究公司、小型会计公司、便利店或个人计算机可能暂时不那么迫切地需要使用量子计算技术——除非用于密码学。

需求的门槛可能会影响谁先获得量子计算技术。

事实上，近期有关量子计算最大的问题与区块链面临的问题类似，那就是：它值得使用吗？我真的需要它吗？

使用阈值测验

我制作了一个小测验，它可以帮助你确定量子计算机编程需要多长时间就会引起你的注意，以及你是否需要采用量子计算机编程。

单选测验

你需要了解量子计算机编程吗？

（1）你的工作涉及大数据吗？

（a）是　（b）否　（c）是，如果你指的是5.25英寸[注]软盘

（2）你的公司有被称为"量化分析师"的工作人员吗？

（a）是　（b）否　（c）我不想冒犯别人

（3）在你的职业角色中，你是一个"量化分析师"吗？

（a）是　（b）否　（c）我被冒犯了

（4）SAS 不能满足需求吗？

（a）是　（b）否　（c）它不是我最喜欢的航空公司

（5）你知道 P 和 NP 的区别吗？

（a）是　（b）否　（c）是的，当然是"N"啦

（6）你有物理学、工程学或计算机科学的博士学位吗？

（a）有　（b）没有　（c）我在《魔兽世界》这个游戏中的角色有

（7）你能解释半导体是如何工作的吗？

（a）是　（b）否　（c）仅有半个管弦乐队

测验结果

除非你对大多数问题的回答都是"(a)"，否则你不太可能

注：1 英寸 =2.54 厘米。

成为量子计算机的第一批程序员或者直接用户之一。当然，如果你的工作所处的行业正是我在本章中强调的某个行业，你可能会从后端（或在经典的计算协同处理器接口）的量子计算能力中获益良多。

但是你的工作迫切地需要它吗？可能不需要。

你的公司近期不会制造量子计算机或把量子计算作为计算机核心功能的一部分，并不意味着量子计算对你来说是无关紧要的。毕竟，量子计算可以优化你的电子商务活动，成为未来自动驾驶汽车导航的计算引擎，为你找到新的医疗手段；但量子计算也可能会干扰国家安全，影响金融市场交易。

因此，关于量子计算还是有许多值得了解的东西，即使你不会为公司里的下一个暑期实习生开出购买量子计算机的订单，这份订单可能会超出公司的需求和你近期的需求；即使是谷歌、微软和亚马逊这些公司，目前可用的处理和统计数据分析工具的功能也远远超出你现在的需求；甚至 SAS 或 Stata 的功能也超出了你当前的需求。

现在，对大多数人来说，与其花时间思考量子计算将如何直接影响他们当前的工作和生活，不如花时间学习如何使用一个基本的统计软件包，或者学习 Excel 中一些快捷键的使用方法。

第七章

量子计算对
网络安全的影响

量子计算有可能破解区块链和加密货币。

量子计算也威胁到所有其他类型的密码技术和加密数据——从电子邮件账户到银行账户都容易受到由量子计算的发展而带来的攻击。毕竟，量子计算可以实现非确定性任务的并行计算，解密是量子计算机理论上最重要、价值最高的应用案例之一。

由于量子系统具有概率性，量子密码学具有无条件的安全性[1]。一个可行的解决方案便来源于这一理论。

换句话说，虽然量子计算对当前的加密体系产生了威胁，但它也可能是未来的解决方案和替代方法。

"La cryptographie est morte. Vive la cryptographie！"（一种加密技术死亡，还会有另一种到来。密码学万岁！）

量子密码学可以追溯到 1984 年，使用量子密钥分发技术可以为量子计算提供一个攻破现代密码学的方案[2]。尽管量子加密具有巨大的价值，但这并不意味着每个人都需要立即使用量子计算机，或者使用由常规处理器和量子处理器组合而成的协处理器。总会有一些人比其他人先使用量子计算技术。

在升级至量子加密安全网络的技术清单中，对国家安全至关重要的量子计算机排在首位。这是特别重要的，因为理论上量子计算可以用于破译来自国外的通信密码，并且可以保护我们自己的通信方式。

最近，我获得了美国企业董事联合会和卡内基 - 梅隆大学联合认证的网络安全证书。在美国企业董事联合会中，我是管理董事。最后，我总结一下 3 个与量子计算相关的重要概念。

网络安全的恢复力

第一个是恢复力的概念。这是指你的网络受到攻击后是否能恢复到原来的状态。本质上这是一个与生存能力相关的问题。换句话说，网络攻击带来的后果是什么——你的公司会生存下来，还是变得难以维持？

当提到网络安全，我想到了量子加密可以使信息变得更加安全，但我也考虑到了国家层面的网络安全的恢复力，以及如果一个国家不能在量子计算领域取得领先地位，那么国家安全的恢复力会是怎样的。

如图 7-1 所示，在没有量子计算机的时候，美国便已经面临人均网络安全费用全球最高的问题。美国政府担心未来可能会在量子竞赛中失败，因为量子计算会使网络攻击和数据泄露的经济破坏性更大。

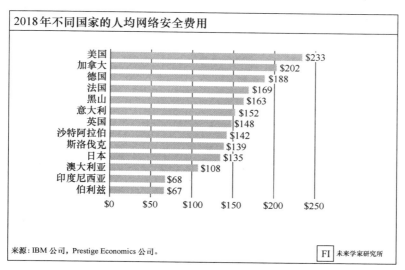

图 7-1　人均网络安全费用 [3]

资源管理和网络安全战略

第二个是资源管理的概念。这个概念告诉我们，考虑到公司的安全，你不能任意地做你想做的所有事情，要考虑时间、处理能力和成本的问题，有时候有些事情并不值得去做。量子计算也不是万能的。

政府预算也是如此。从图 7-2 中可以看到，美国政府在网络安全方面投入的资金很多，并计划投入更多。从图 7-3 中可以看到，网络安全市场产值占美国 GDP 的比例在不断攀升。除了网络安全对国家安全的影响之外，也要注意到美国已经投入了大量资源来防御网络攻击。

量子计算会引发一场全球网络安全军备竞赛，因为网络安

全已经成为一个全球关心的问题。各国政府部门和企业都在这

场军备竞赛中投入了大量的资源。

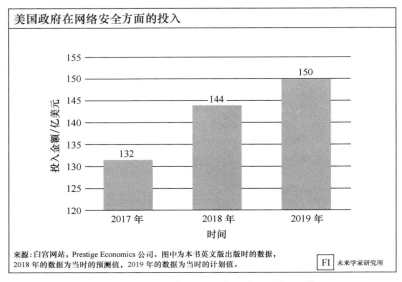

图 7-2　美国政府在网络安全方面的投入 [4]

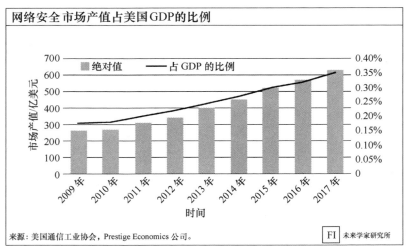

图 7-3　网络安全市场产值占美国 GDP 的比例 [5]

攻击面

第三个是攻击面的概念，它与网络安全息息相关。它表示一个实体暴露在网络攻击或网络威胁中的位置或区域。

当面临网络威胁时，整个经济系统便是攻击面，但这个攻击面受到加密技术和网络安全的保护，并且这种等级的保护足以抵御传统的网络攻击。可一旦量子计算网络攻击成为可能，大部分攻击面都会变得脆弱。伴随着量子计算技术的发展，网络攻击造成重大损害的能力也将呈指数级增长，因为目前受到保护的攻击面都将暴露出来。

不容失败

企业需要立即采用量子加密技术以保护其免受量子网络的攻击。但某些实体——如军方和政府，必须在量子密码学变革发生之前就做好准备，提前采用量子加密技术。如果它们落后了，后果将会是灾难性的。

现在，各国已经保存它们截获的加密信息很多年了，尽管它们可能还无法破译这些信息。想象一下，如果世界上的每个国家都能破译它们数十年来收集的所有加密信息，那么事实可能会证明，这具有极大的价值。对率先实现这一目标的国家来说，它们将拥有巨大的优势。但对那些没有实现这一目标的国家来说，这可能会导致它们在战略和军事上处于极大的劣势。

量子计算机的计算能力与经典计算机的计算能力相比就像一辆坦克与一匹马，你可以想象一下坦克与马的军事意义。但这还远远不够，因为能够解密所有内容绝不仅仅是一个关键的战略优势，还是全面、绝对的数据和网络安全优势。

一位作家曾在《纽约时报》科学专栏中指出，量子计算与经典计算之间的区别就像核能发电与火力发电之间的区别。把量子计算比作核能，其威力就更清晰了——强大到不能再强大了。

量子计算的未来机遇

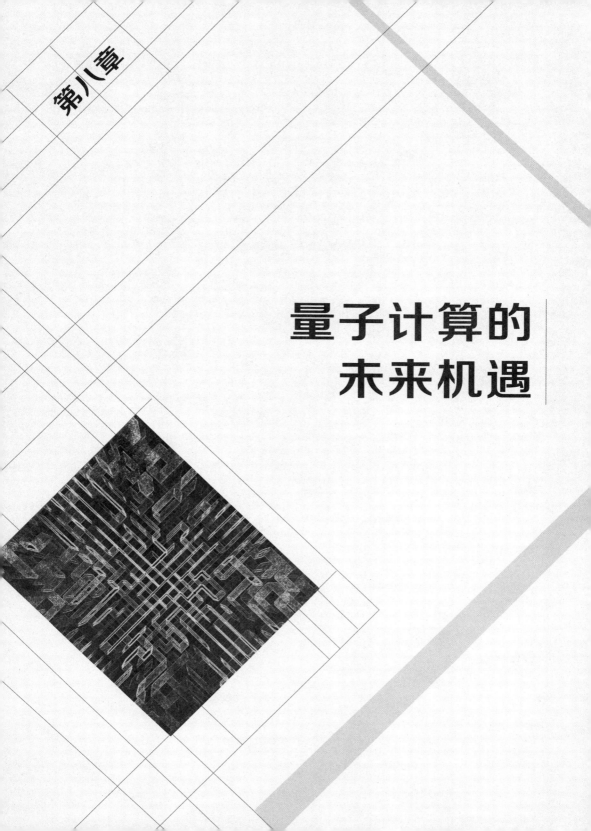

科幻电影《黑衣人》[1] 里公认的最精彩的一幕是，威尔·史密斯（Will Smith）扮演的角色意识到一个带着量子物理图书的小女孩比一群面目狰狞的外星人还要危险。史密斯的判断是，这个 8 岁的女孩"看起来很危险"，因为她带着"对她来说过于超前"的量子物理图书[2]。

有趣的是大多数人并不知道量子物理是什么，而这句台词可能是许多看过电影《黑衣人》的人与量子物理唯一的"接触"。

但是这种情况即将发生改变！

人们可能并不了解量子计算背后所有的科学知识，但是人们要利用量子计算可能也无须了解所有的知识。想想互联网、智能手机以及应用程序，大多数用户对其背后的技术原理不见得都熟知，但并不影响对它们的使用。

作为一项新兴技术，量子计算在未来有以下几个重要的发展机遇：

- 社会化量子计算；

- 规划量子计算；

- 投资量子计算。

社会化量子计算是指使量子计算的概念更容易理解。这样，人们对量子计算的认知就会从电影中的只言片语转变到对其有个大体的了解。

这是一个需要优先考虑的问题，因为许多人并不知道量子计算或量子物理是什么。大多数人可能只在科普电视节目或科幻电影中听说过"量子"这个词。他们可能还意识不到计算处理方式的变革就要发生在他们身边。

讨论这一课题很重要，这是我写这本书的关键原因，也是未来学家研究所开设量子计算课程的关键原因。

展望未来，除了将量子计算社会化，随着这项技术通过各种 Beta 测试[注]，量子比特的数量不断增加，规划量子计算便成为优先考虑的问题。

正如我在第六章中提到的，为量子计算做好准备对政府部门、面临大数据挑战的行业和科技公司来说是至关重要的！

投资量子计算也是一个需要考虑的重要课题。这也是本书第十章的主题。

就目前而言，通过公开市场来投资量子计算还不是常规的操作，因为现在还没有一家在证券交易所上市的量子计算公司。不过我预计未来会有所改变。

对商业投资而言，大多数公司在短期内投资量子计算或安

注：一种验收测试。验收测试即产品完成功能测试和系统测试之后，在产品发布之前进行的测试。通过这一测试后，产品可进入发布阶段。

装量子计算机都不是必需的——即使可以这样做。

但是，了解你的公司是否需要立即在量子计算领域进行投资同样很重要。沿着这一思路，请翻阅第六章中提及的测验。

随着量子技术的发展，科技公司、潜在的终端用户、初创公司以及个人将会拥有更多独特的硬件、软件和编程方面的发展机会。

尽管现在量子计算还没有实现商业化，但拥有量子技术的全新世界即将到来！

第八章 量子计算的未来机遇

第九章

量子计算的
局限性

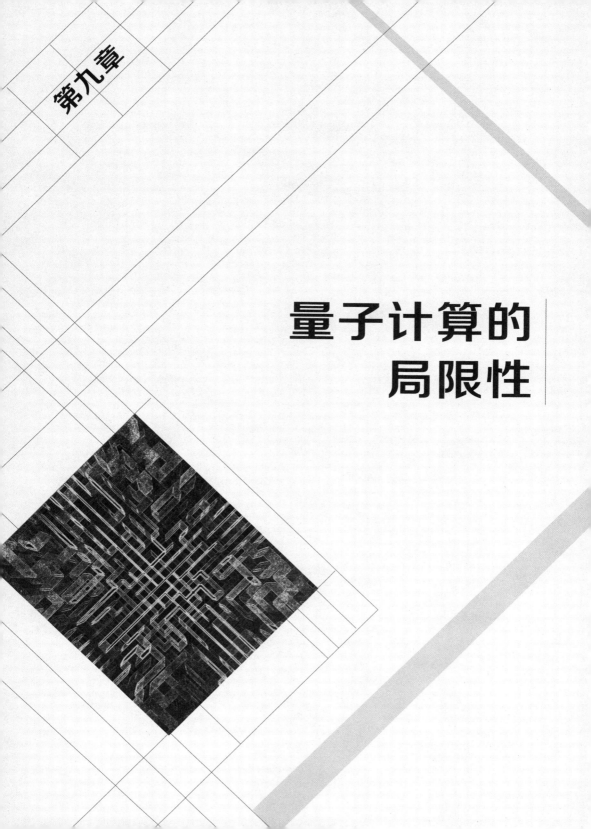

与所有技术一样，量子计算的应用也有局限性。这体现在量子计算技术的发展中，也体现在其未来的用户中。

制造量子计算机面临的挑战

当本书（英文版）于 2018 年第四季度出版时，将量子计算机从原型机推向商用级别是人们面临的首要挑战。

正如在第五章中你已经了解到的那样，量子计算机的发展存在实实在在的挑战。对一台"真正的量子计算机"而言更是如此。

在推进量子计算处理规模化的过程中遇到的问题大多源于物理条件的限制。这些物理条件是让物理学真正发挥作用的前提条件。

这一点也不奇怪，因为一台真正的量子计算机的部分实体需要被置于接近绝对零度的环境中。模拟量子计算机为此提供了一个可行的解决方案。光量子计算也可以解决这一问题。

量子计算仍处于研究和发展阶段，还有许多科学问题需要面对和解决。

无论哪种形式的量子计算最终实现商业化，都需要耗费大量的时间、金钱和研究投入！

这就为量子计算的投入使用设定了时间限制。

无论如何，这都需要花费数年的时间。

即使量子计算机达到商用水平并且量子计算的发展沿着 S 曲线上升，量子计算也不会是计算或分析问题的万能解决方案，知道这一点是十分重要的。正如其他计算和分析方法一样，解决问题最重要的不仅仅是计算处理能力，还要采用正确的数据分析流程。

量子计算在诸多方面都有应用前景——从通信和密码学技术到加速科学发现、协助解决 NP 问题、更先进的大数据分析应用以及开发真正的人工智能，等等。

提出正确的问题

如果量子计算机的使用者没有提出正确的问题，那么上述任何美好的前景都不会实现。

提出正确的问题是关键！

在电影《银河系漫游指南》中，主人公们找到了一台名为"冥想"的、无所不知的计算机，并向它提出了一个终极问题。他们在寻求"生命、宇宙以及万物的答案"[1]。

一段时间后，他们回到计算机前寻求答案，结果为"42"。

毫无疑问，主人公们并没有提出一个好问题！没有一个好问题，你就无法得到你想要的答案。

上述电影场景是对计算潜力以及人们对量子计算的期望的一种戏仿。人们期望量子计算可以释放计算潜力。这对量子计算而言亦是一个重要的讽喻，毕竟量子计算机的功能会比传统计算机更加强大，不要白白浪费了。量子计算机很可能以一种当前经典计算机难以达到的速度处理看似无限的变量，从而得出问题的答案。

但是如果没有一个正确的问题，世界上所有的算力都毫无用武之地！正确的问题很关键，同时，确保数据合理并且采用正确的数据处理流程也至关重要。

遵循正确的数据处理流程

有两件事会使得在量子计算中遵循正确的数据处理流程比以往任何时候都更加重要。

每个数据项目都有与人相关的一面和与技术相关的一面，记住这一点很重要。从技术的角度和处理流程的角度进行合适的数据分析是非常重要的。

创建和收集数据的速度正在不断加快，世界上大多数的数据都是在近年内生成的。这意味着科学家、工程师和企业正面临着利用这些数据的极好的机遇。如果遵循正确的数据处理流程，他们便能利用数据的力量来产生真实的、有实际价值的、可操作的洞察与见解。

不良的数据和流程管理带来的问题，说明通过正确管理整个数据收集和分析的过程来使相关工作顺利进行变得越来越重要。这一点很重要，因为它能确保你可以得到有效的结果来支持（或反驳）你的假设。

遵循正确的数据处理流程意味着你需要按照一系列步骤来获取你想要的结论。对量子计算来说，这尤为重要。

这意味着你不仅仅需要提出正确的问题，也需要收集正确的数据，确保数据是"干净"的，并且使用正确的数据。只有这样，你才能真正地分析数据。在确保问题和数据的正确性并且完成分析工作以后，你仍然需要不断对结果进行测试。

我分析各种经济、金融和统计的数据已经超过 15 年的时间，我一贯建议采用以下这 7 步数据处理流程。

- 阐述正确的问题。

- 审视项目。

- 收集数据。

- 清洗数据。

- 分析数据。

- 测试结果。

● 使用新数据重新检验结果。

让我们详细介绍一下这个流程！当量子计算可供我们利用时，这一流程会变得更有价值。

请记住，按顺序执行此过程与执行这些步骤同等重要。如果不按照顺序执行，整个流程可能就会失去意义。

阐述正确的问题

爱因斯坦曾说，如果你有 1 小时的时间来解决一个问题，那么请用前 55 分钟的时间来阐述这一问题，用剩余的 5 分钟来得到答案。对量子计算而言，阐述问题的时间与得到答案所花时间的比例将会更大，你可能会用 59 分钟来阐述问题，而只需 1 分钟便可以得到答案。但无论比例如何，这句话的含义很清晰，你必须带着目标来解决问题，必须从正确的问题开始入手。

无论你花费多长时间来提出一个问题，有一件事情是肯定的：你花越多的时间来正确阐述一个问题，你从数据中获得的价值就越大。对量子计算而言更是如此，这一点可能非常重要。

当然，提出正确的问题有时候会是一个数据分析项目中最困难的部分！

经典计算机和量子计算机——无论是真正的量子计算机、

模拟量子计算机还是光量子计算机——在未来很长一段时间内都无法做到的事情就是提出一个你想要回答的问题。

你需要自己提出正确的问题。

当然，你需要确保提出的问题很具体并可以得到解答。你还需要确保你决定收集的数据有助于解答这一问题。

我发现，在头脑风暴的过程中，从不同角度思考一个潜在的问题很有帮助。对于哪些数据有助于你解答问题，头脑风暴会帮助你形成一个初步的想法。

例如，在阐述长期石油价格预测的问题时，你需要考虑传统油井和页岩油井未来的供应情况、新兴市场财富的未来需求、由于电动汽车使用量增加而带来的汽油需求量的减少、未来金融市场的金融化，以及这些因素将如何影响油价。

审视项目

当然，在决定进行数据采集之前，你需要先审视你的数据项目。

例如，当你的项目或客户主要涉及美国或者美国某个特定的州时，你可能不需要深入挖掘国际数据，以避免画蛇添足。

当你正在考虑石油价格时，你可能不希望同时为每种等级的原油或每种石油产品都建立预测模型。我的意思是，也许这是量子计算机可以帮助你做到的，但目前如果需要在合理的时间范围内用经典计算机完成计算，你可能需要对你的数据分析范围进行一些限制。

可以期待的是，利用量子计算的处理能力，你将能够添加更多变量、从更多角度进行分析，甚至完成目前经典计算机在一定时间内难以完成的数据分析任务。

收集数据

下一步是收集实际的数据。这意味着你还需要考虑数据的来源。如果你正在使用专门为了回答该项目范围内的问题而收集的数据，而不是使用因其他目的而采集的数据，那么这将是一个巨大的优势。

如果你使用的是内部数据，则需要确保数据是合适的。如果你的数据源是外部的，则需要确保这是你可以使用的有效数据，毕竟外部数据可能包括政府或金融市场的数据。

虽然到这个阶段你可能可以获得真正有效的数据库，但你还是需要回过头来思考一下你想要用这些数据来回答什么问题。如果你拥有的数据无法回答你的问题，那么你可能需要继续收集更多的数据。

清洗数据

现在你已经可以确保使用正确和适当的数据来回答你的问题了。但你仍需要确保你计划使用的数据是"干净"的——或者说是规范一致和记录准确的。

"不干净"的数据会"污染"任何你想要进行的数据分析的结果。这就是为什么清洗数据是每一个数据分析过程中的关键步骤。你是不会想要跳过这一步的。

这意味着你的数据需要保持一致：采用相同的计量单位，取自相同的时间段，并且格式正确。

是否所有数据都适合当前阶段？是否都使用了正确的计量单位？数据的列和行是否全部对齐？面板数据[注]中每个对象的属性是否都标注一致？

清洗数据能确保你在进行分析的时候尽量不陷入麻烦当中。

如果有人跳过清洗数据以使之与使用的技术工具兼容这一步而直接进行数据分析，会造成巨大的麻烦。

在使用统计软件包时，未对齐的列可能会产生错误的结果。这可能会导致错误的公司决策、投资或策略。

特别是对量子计算来说，为了执行有价值的分析，你通过支付费用来获取 QaaS 服务，肯定不希望使用"不干净"的数据而浪费你的时间和资金。

那是对量子比特的浪费！

注：指在时间序列上取多个截面，在这些截面上同时选取样本检测值所构成的样本数据，也称作平行数据。

你有没有听说过"错进，错出"[注]？如果你的数据"不干净"，就会发生这种情况。你得到的结果很可能是无用的。

只有当数据是"干净"的时候，你才能继续进行数据分析。如果你的数据"不干净"，那么你可能需要重新收集数据。毕竟，你想要有正确的、富有成效的分析结果。如果数据是乱七八糟的，你几乎不可能得到你想要的结果。这种"不干净"的数据也被称为脏数据。

分析数据

到了这一步才是经典计算机或量子计算机一展身手的时候。存储容量的增大和算力的提高增强了计算机对数据的使用与分析能力。对数据分析的持续投资也不断将其推向分析的极限。虽然分析变得越来越容易，但是进行正确、合适的分析却越来越难。

实际上，分析数据是许多人在数据分析项目中最关注的部分，这并不奇怪。这也是量子计算作为技术变革发挥潜力的地方。

但量子计算能否带来更好的数据分析结果仍取决于是否有合适的、"干净"的相关数据。这在很大程度上取决于可靠的数据流程管理。

说实话，目前为止，这是数据分析项目中最简单的部分之

第
九
章

量
子
计
算
的
局
限
性

注：即计算机运算中若输入错误数据，则输出亦为错误数据。

一。一旦量子计算实现商业化，它会让分析拥有更大的潜力，对数据的分析会比其他任务更容易。

注意，整理数据可并不简单！

收集数据可能需要很长的时间，尤其是在你需要多个不同时间段的时间序列数据[注]的时候，以及在你没有能力收集历史数据或事后重建数据的情况下。

我要给出一个建议，那就是无论你正在做什么样的分析，无论你正在使用哪种计算机（经典的或量子的），你都需要不断重新审视你想要回答的问题。有时数据可能会让你偏离正轨，因此要将精力集中在当下的任务上，这一点非常重要。

测试结果

在你得到结果之后，数据分析的工作并没有完全完成。

测试你的结果是非常重要的。这也是数据分析流程中的重要一步。

你需要确定数据分析的结果是否正确。为了做到这一点，要返回进行重新分析，确认之前的其他步骤有没有问题。

无论数据有多少，这一流程几乎是相同的。只是随着技术（如量子计算）的进步，测试的类型、频率和复杂度会有相应的变化。

但过程是不会变化的。

注：即在不同时间收集的数据，用于描述现象随时间的变化状态或程度。

使用新数据重新检验结果

当测试结果无误，不要认为你已经完成了分析工作，便可以将你的模型封存起来，无论多久之后都可以再使用它。对此我还有最后一点要讲。

你需要重新检验你的结果，看看对于新的以及未来的数据，该模型是否同样发挥作用。

数据之间的关系会随时间的推移而变化，当你获得新的附加数据，或在将来产生更多的数据时，都需要对之前的所有模型或分析过程进行重新检验。对于动态数据集尤其如此，因为其影响因素广泛而复杂。

你可以想想那些动态数据，如实时优化的大规模电子商务供应链中的数据，或者从无人驾驶汽车那儿接收到的信息。

量子计算的处理能力可以使重新检验数据变得更高效，可以重塑数据分析方式并带来巨大影响。这是因为目前我们对一些包含大量信息的数据集还无法进行实时处理，或者无法在合理的时间内进行处理。

这也是量子计算的又一个潜在优势。

重新检验必须经常进行，以便于适应变化。这意味着挑选正确的数据和在使用前清洗数据成为流程中更为关键的步骤——特别是对于诸如供应链、交通网络和医疗等大型系统中实时变化的即时迭代数据。

无论如何，这个过程的基本原则是不会变的。

总结：什么是好的数据处理实践

以下是我在本章中概述的最佳数据处理实践。

- 不能回答有用的问题的数据是无用的。

- 没有正确数据的好问题是无法被解答的。

- 利用错误的数据，一个好问题可能会被错误地解答。

- 即使有了好问题和正确的数据，糟糕的分析也会让这一切变得一文不值。

- 好问题、正确的数据和好的分析，加上不断的测试和重新检验，才能构成一个完整的、好的数据分析过程。

在进行数据分析时，你必须按顺序来执行各步骤，这同样重要。分析你尚未清洗的数据是没有意义的，清洗你尚未确认是否适用于你的分析的数据也是没有意义的。

正如你所看到的，无论是当下还是未来，在量子计算的效能方面，存在着技术限制、物理限制以及人类的局限性。

许多科学研究领域的工作者正专注于增加量子比特的数量，克服极端低温环境下的物理限制。让量子计算应用的限制最终与经典计算相同是有可能实现的，不过要确保分析人员在分析数据的过程中遵循正确的流程。

第十章

投资趋势

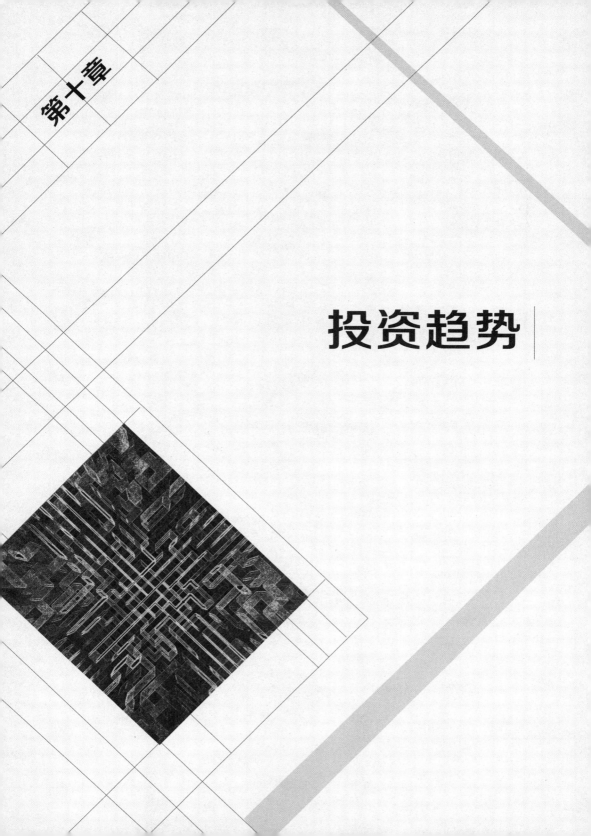

近些年来，人们对量子计算领域的投资在不断增加。并且，各国政府支持的研究资金的额度也在大幅提升。

截至 2018 年 10 月，根据《量子计算报告》(*Quantum Computing Report*)，有 21 家上市公司投资了量子计算，有 87 家私营 / 初创公司、26 个政府 / 非营利组织、97 家风险投资公司以及 72 所大学在进行量子计算方面的研究（见图 10–1)[1]。

图 10-1　支持量子计算发展的群体 [1]

然而，尽管不同群体对量子计算的投资兴趣是真实存在的，量子计算仍有陷入激进的媒体炒作的风险，对量子计算的投资趋势仍有可能会受到炒作者的驱动。

我想说的是，投资者和媒体已经表现出一种越来越明显的倾向，即蜂拥而至、消费并被淹没在一个发展的技术领域之中。这是一个大的趋势。

区块链、自动化、人工智能和机器人，以及许多其他领域，都见证了投资者的蜂拥而至。

某些领域相比其他领域，情况会好一些。但是在这一过程中，公司的估值会呈抛物线趋势上升，并与采取传统的金融分析手段得出的结果大相径庭。这类估值会吸引更多投资者的关注，因为大量涌入的炒作者带来了对未来的盲目乐观。

现在，投资公司、金融市场研究机构和对冲基金越来越多地使用记录主流媒体和社交媒体关注度的算法，而向某领域的大量涌入也将形成更有害的驱动源，因为这一倾向将无限地驱动市场。

这就是加密货币在 2017 年年末和 2018 年年初出现的现象。这也因此波及了与区块链相关的公司。

一旦量子计算领域有足够多的公开可见的投资，量子计算同样会受到这种现象的危害。

截至 2018 年第四季度初，还没有出现完全聚焦于量子计算的上市公司。

对量子计算的投资很大程度上来自私募资金、天使投资以及由像谷歌、IBM 和英特尔这样的大型上市科技集团配置的研发资本。

尽管如此，从 2018 年 9 月开始，至少有一个交易所交易基金（Exchange Traded Fund，ETF）声称自己是量子 ETF。但问题是，如果没有一个纯粹的、上市的量子计算公司，这可能更像是一个炒作的名字和标签，而不是真正的对量子计算领域的投资。

这并不意味着这样的 ETF 没有投资关注量子计算领域的公司。事实上，这是它的核心声明之一。这也并不意味着这样的 ETF 不会有较好的表现。如果它投资的公司发展得好，它就可能会有较好的表现。

实际情况是，量子 ETF 的投资组合中的确没有上市的量子计算公司。这是一个面对尚不存在的行业的 ETF。它暗示了围绕量子计算的炒作泡沫带来的潜在风险。

真正的资本正在进入量子计算领域。

但炒作者正伺机而动。

不久的将来，他们的狂热将在某个时间点现形。

有许多真正的"玩家"——非营利组织、初创公司和风险投资机构等在投资这个领域。这预示着未来该领域有更多的投资空间。量子计算的拥护者好像并不期望从中赚取他们的第一桶金。

　　还有众多的"玩家"在这场量子计算的"游戏"中寸步不离。其中一些"玩家"对量子计算的发展更是坚信不疑。

　　再者，鉴于量子计算作为一种解密技术和加密技术对网络安全和国家安全的影响，政府的投资行为并不会让人感到吃惊。

　　但还不清楚谁将最终赢得量子计算竞赛！

　　将来可能会有上市的量子计算公司。量子 ETF 也将投资专注于量子计算技术的公司。然而就目前而言，这还是不可能的！

进一步学习

在写作本书时，我订购了几乎所有我可以找到的关于量子计算和量子力学的图书，并阅读了很多期刊论文、媒体报道和白皮书，还在研究的过程中深入地探索了其他难以理解的物理概念和计算概念。

有几本关于这一主题的书是我强烈推荐的，包括斯科特·阿伦森（Scott Aaronson）的《德谟克利特以来的量子计算》（*Quantum Computing Since Democritus*）以及特里·鲁道夫（Terry Rudolph）的《量子力学》（*Q is for Quantum*）。乔纳森·道林（Jonathan Dowling）的《薛定谔的杀手级应用》（*Schrödinger's Killer App*）也是一本既有科学内容又有宝贵轶事的图书。

展望未来，我认为留意投资趋势、主流媒体以及该领域的主要科技集团的动向是至关重要的。我期待有无数的新闻报道涉及这些内容，我认为将会有更多关于量子计算的文章，这些文章会针对普罗大众，让他们可以理解吸收，而不仅仅是量子物理学家、计算机理论家和数学天才才能看得懂。

这也是我在写这本书的时候想要达到的目标之一，我认为我正朝着这一目标前进——将非常复杂的科学概念解释得通俗易懂，让大众能够理解。这也是我为未来学家研究所录制量子计算课程的原因，我要帮助专业人士、分析师、管理人员和战略家为量子计算的到来做好准备，让他们知道需要了解什么以及不需要了解什么。

正如我在第一章中指出的，谷歌趋势的数据证实获取量子计算相关信息的需求正在增长。2018年，对"量子计算是什么"的网页搜索和提到"量子计算"的新闻搜索以及关键词为"量子计算"的网页搜索趋势都处于或接近最高水平（见图11-1~图11-3）。

图 11-1 对"量子计算是什么"的网页搜索热度随时间变化的趋势 [1]

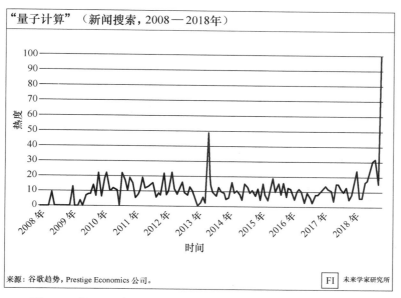

"量子计算"（新闻搜索，2008—2018年）

来源：谷歌趋势，Prestige Economics 公司。

图 11-2 "量子计算" 一词的新闻搜索热度随时间变化的趋势[2]

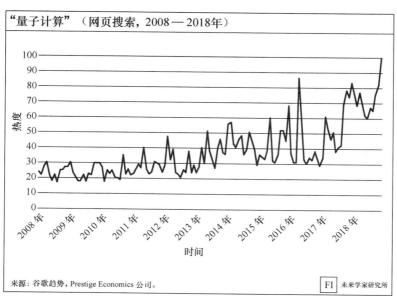

"量子计算"（网页搜索，2008—2018年）

来源：谷歌趋势，Prestige Economics 公司。

图 11-3 "量子计算" 一词的网页搜索热度随时间变化的趋势[3]

第十一章　进一步学习

我最后想补充一点，量子计算是我期望未来学家研究所能够深入涉足的一个领域。事实上，在不远的未来，我们可能会越来越频繁地帮助我们的客户处理和应对由量子计算带来的变化。

目前，量子计算仍然是一个非常新的行业。每年仅有几个相关的会议和数量有限的行业群体，其中量子世界协会（Quantum World Association, QWA）便位列行业群体这份简短的清单之首。还有一些专门做量子计算研究的实验室，但这些是专门为量子计算领域的专家打造的，他们通常是物理学家或工程师。

该领域最重要的会议大概是量子信息处理国际会议（Quantum Information Processing, QIP）和世界量子物理大会（World Quantum Physics Congress, WQPC）了，这两个会议每年会在不同的地点举办。另外，Q2B（Quantum-to-Business）也很重要，它是一个关于量子与商业的会议。

以量子计算为主题的会议在不断举行，这一点也进一步说明了量子计算是一个正在发展的行业，而不是一个已经成熟的行业。应该说，目前真正的量子计算产业还没有出现。

当然，量子计算作为一种技术被吸收进其他各种计算机公司、数据或技术公司以及它们的研究、产品中，这是完全可能的。2018 年 IBM 出现在国际消费电子展上并展示其 50 量子比特的量子计算机就体现了这一点[4]。

当下关于量子计算的教育资源是有限的，未来学家研究所关于量子计算的课程是本书（英文版）出版时可获取的关于这一主题少有的相关课程之一。

但是，有限的会议、组织、学习机会甚至有限的相关图书意味着对量子计算程序员、开发人员、工程师和管理人员来说，未来可能会有大量的职业、商业和教育机会——尤其是在这一行业吸引更多的投资并实现商业化的情况下。

尽管量子计算的曙光可能会伴随着大量的炒作，但我们仍有充足的理由对未来充满希望！

第十一章 进一步学习

假如未来没有量子计算

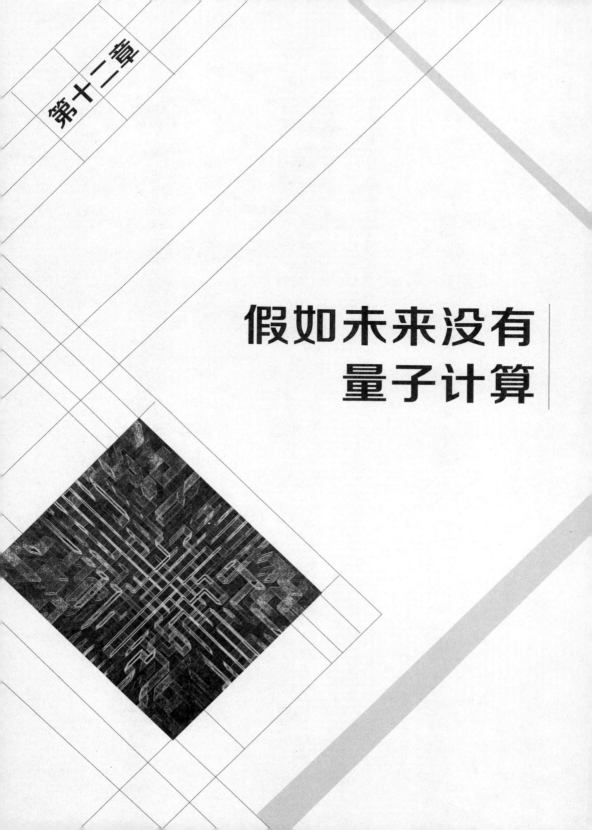

假如未来量子计算没有实现商业化，我们能否生存？

当然可以！

毕竟，在没有量子计算的情况下，我们一直活到了现在。

但是面对我们收集到的爆炸式增长的数据，相比于越来越多地增加处理器来分析数据，如果使用量子计算来推动计算变革，我们的生活可能会变得更好。

从长远来看，量子计算似乎更加划算！对目前棘手的数据分析来说尤其如此，需要长得不合理的时间对这些数据进行分析才能得到有价值的科研成果或既有经济价值又有社会价值的商业见解。

一位科普作家将量子计算与经典计算之间的差异比作核能发电与火力发电的差异 [1]。

所以，如果只有火力发电，我们还能存活吗？

当然，我们可以。

但是我们的生活不会像用核能发电时那样富裕。要知道，联合国是通过电力的统计数据来衡量各国的富裕或贫困程度的。

拥有电力是一件绝妙的事情！尽管核能发电有很多缺点，但作为一门技术它却是极其惊艳的，相比火力发电而言，核能发电是巨大的变革。这当然也是一项大多数国家都不愿意舍弃的技术。

换句话说，经典计算就像是火力发电，是我们现在所拥有的，但是我们也可能拥有像核能发电那样强大的计算。一旦实现了量子计算的商业化，我们就会看到那些没有发展量子计算的国家和组织将会缺乏计算能力。

如果未来没有量子计算，那么要处理数量不断增加的数据，并从中获取关键见解、找到根本原因，进而发现科学规律，其成本会比我们实现计算变革、拥有量子计算的成本要高得多。

这就是我们为什么需要量子计算！

然而核能并非那么容易获取！通向量子计算的道路也并不平坦。我们可能还会在"火力发电时期"停留更久。

毕竟，我们无法保证将来一定可以实现量子计算的商业化。但幸运的是，量子计算的商业化看起来是极有可能实现的。随着摩尔定律的失效，不断增加的研究资金、政府投资基金以及使用需求似乎预示着量子计算有着发展的好兆头。

如果我们最终没有拥有量子计算，那么就当是在计算处理上的一次"野营"吧。

就我个人而言，我希望我们的计算处理能力更像核能发电而不是火力发电（见图 12-1），我期待着这一时刻的到来！

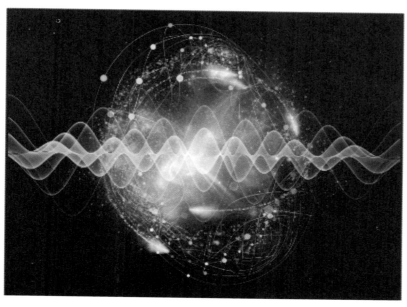

图 12-1　量子计算就像是核能发电 [2]

第十二章　假如未来没有量子计算

量子计算不是
下一个区块链

我写的《区块链的前景：新兴颠覆性技术的希望和炒作》一书最后一章的内容是关于量子计算的，所以在本书的最后一章讲一讲关于区块链的内容似乎是很合适的。

你可以看到，在区块链疯狂"喂养"炒作者的时候，它已经不是一项新技术了。当黑莓在 2009 年第一季度的市场渗透率达到顶峰时，区块链技术首次出现。接下来它花费了 8 年时间让炒作泡沫席卷全球。

从"暗网"到美国全国广播公司财经频道的所有地方都成为区块链拥护者的地盘，他们预言区块链会成为新的互联网。但最能体现区块链价值的应用便是将它作为一种保存记录的手段。本质上，它是有永久记录的许可数据库（permissioned database），这是最有价值的商业应用案例。

正如我们所知，区块链不是所有通信和互联网接入的中枢。它不是一种新的互联网，它是一种新的记账软件。所以它可能会令会计师着迷！

供应链、物流和运输管理人员同样如此。

量子计算不是下一个区块链

但是量子计算并不是下一个区块链，因为在某种程度上，区块链是一个数据库、一种软件。区块链是虚拟的，它可以存在于云端。

而量子计算机是有物理实体的，它是硬件。量子计算不仅会在某一天存在于云端，它还会成为物理实体的一部分。

实际上，在 2018 年第四季度，你就已经可以从云端使用基本的量子计算编程平台进行量子计算处理了。

利用基于云端的量子计算平台，一些教学、研究和游戏已经出现。IBM 的 Q Experience 、微软的 LIQUi |> 以及 Rigetti Computing 的 Forest 都利用这种平台来发挥更大的作用。

不过，量子计算还没有达到商业化应用的水平！量子计算仍在努力跨越最小可行性产品这一阶段。

量子计算和区块链可能都是公司和个人会经常使用的技术。但是，与区块链不同，我们不需要完全了解量子计算处理器背后的物理原理，便可以从量子计算中获益匪浅。这些科学原理使我们急需的技术变革成为可能。

许多人可能会从潜力方面来比较区块链和量子计算。实际上，区块链的潜力或许被夸大了——尽管普通人也可以看到它的应用；而量子计算潜力巨大——尽管许多人并没有真正意识到它的应用。

想一想，与了解显示器的人相比，又有多少人了解半导体是什么，并可以解释其原理呢？

我不是说显示器不重要。它很重要，但事实是如果没有半导体，那么现有的经典计算机将无法运行。显示器技术的进步相对于计算机的内部运行和实际性能来说不那么重要。

但你看到了显示器。

正如人们看到了区块链技术。

但是人们可能永远不会将量子计算视为一种独特的技术，因为它存在于硬件中。人们从来没有从物理上真正瞧见过量子计算技术，正如他们中的大多数没有看到过计算机中的半导体元器件那样。

第十三章　量子计算不是下一个区块链

量子计算
就是计算革命

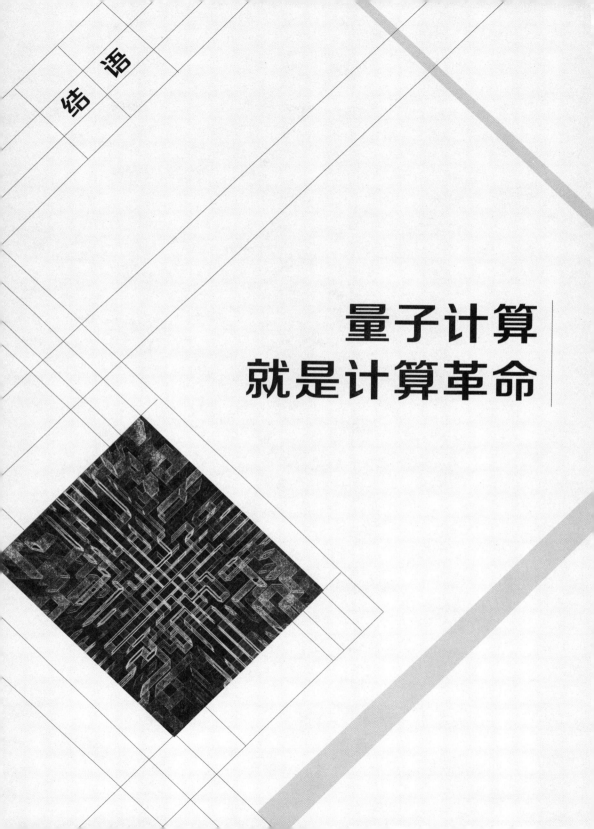

量子计算会是一项影响商业、科学、通信、网络安全和国家安全的关键技术变革，但它在实现真正商业化的道路上也面临着很多限制、风险以及挑战。

总有某些行业会从特定的新兴技术中获益，量子计算机就像其他类型的计算机一样，可以广泛地影响一大批行业。

与利用经典计算机的情形类似，有些行业通过利用更先进的计算能力及其影响力获得超高的收益。最有可能受益的行业是那些有海量数据需要分析的行业。

但是量子计算同时需要软件和硬件的变革，这意味着量子计算面临巨大的物理挑战。

目前，真正的量子计算面临的最大的物理挑战是温度。这并不意味着有一天你会在房子里放置一台巨大的量子计算机，而它需要被冷却到接近绝对零度的低温。但这可能意味着你会从云端利用这种技术，在 QaaS 平台框架中按需获取处理器服务。这就像许多其他类型的基于技术使用的应用程序一样。

当然，你也有可能使用在现场的、室温下的量子协处理器。正如我之前提及的，布莱恩·拉库尔正在研究模拟量子计算机技术，杰里米·奥布莱恩正在研究光量子计算机。

我们会拥有量子计算的，因为我们必须拥有！

考虑到量子计算巨大的使用价值，记住量子计算不仅有用而且很必要，这一点很关键，因为数据正以极快的速度产生。随着数据收集量的增加，需要更强的分析能力和更好的方式来提取数据的信息，这将是至关重要的！

数据的改变，包括产生、收集更多所谓的大数据，以及对预测分析和人工智能的需求，都迫切需要量子技术的支撑。事实上，量子计算是必要的。这意味着拥有量子计算在不久的将来很可能不仅是一件好事，而且它会成为一种不可或缺的技术。

在更广泛、海量的数据分析方面，量子计算会是一种核心需求，尤其是在解决优化、效率和异常检测的公司 NP 问题方面。它可以帮助我们处理超出目前计算和统计处理能力的面板数据，获得科学方面的见解。

当然，我们需要提出正确的问题。我们需要遵循经过检验的结构化数据分析流程。如果能够正确地做到这两点，量子计算会是数据科学研究乃至整个社会的"金矿"。

然而量子计算并非没有风险。量子计算可能给区块链、加密货币以及各种加密技术带来灾难。

量子计算最具潜力的应用便是攻破加密技术，并使得当前所有的网络安全形式变得无效。这意味着我们需要为这些可预期的威胁做好准备。但除了可能影响企业、政府和个人的网络安全之外，大多数人可能不会直接注意到量子计算所带来的变化。

事实上，对于个人或小企业主，只有在针对行业的软件接口出现之后，量子计算才会展现其巨大的能量。

目前，无论是在硬件方面还是软件方面，量子计算都没有进入商业应用的阶段，更不用说为满足个人或行业特定需求而提供一个易于使用的、针对公司的接口，或任何依赖量子计算的应用程序。

但随着量子计算技术的发展，这些都会实现！

作为一名未来学家，我认为将技术发展置于历史背景下来考察是很重要的。量子技术会是关键的技术变革。它会带来数据处理和计算能力的潜在变革。

然而量子计算技术也受到炒作者的威胁，这些炒作者在拉高出货的投资周期中消耗着有发展前景的技术。我们也要切记不能忘记量子计算在实现广泛应用之前需要克服的物理科学挑战。

量子计算的到来是全新的！

它不是新的互联网。

它也不是新的区块链。

它是新的计算！

量子计算领域常见术语

BQP 问题（BQP problem）： 全称为 bounded-error quantum polynomial time problem，指有界错误量子多项式时间问题，可能包括 P 问题、NP 问题以及使用量子计算机可以解决的其他问题。

EPR 佯谬（Einstein-Podolsky-Rosen pouradox）： 由爱因斯坦、波多尔斯基和罗森等人提出。他们反驳了量子力学哥本哈根诠释，认为量子力学是不完备的。

ψ（psi）： 用来表示量子态的希腊字母。这在布洛赫球上的狄拉克符号中可以看到。

S 曲线（S-curve）： 描述一项技术或商业想法从概念出现到最小可行性产品面世、完成商业化至最终成熟的发展过程的曲线，呈 S 形。

本征态（eigenstate）： 对量子比特而言，为处于"0"或者"1"的态。量子态一旦被观测，便会以一定概率坍缩至其中的某个本征态上。

本征值（eigenvalue）： 力学量在本征态上的观测值，是力学量的可取物理值。

比特（**bit**）："二进制位"的简写，代表计算的基本信息单位。它有两个可选项——"1"或"0"。

并行计算（**parallel computation**）：在多台计算机或多个处理器上，通过统一的控制，同时执行由若干互相独立的子任务组成的计算任务，以提高计算性能的方法和过程。

布洛赫球（**Bloch sphere**）：两能级量子系统（如量子比特）量子态的几何表示，它以物理学家费利克斯·布洛赫（Felix Bloch）的名字命名。三维球面上的波函数 / 量子态以狄拉克符号标记。本征态出现在布洛赫球的南北极。

初始数字货币发行（**initial coin offering，ICO**）：公司以这样的方式发行新的加密货币来进行交易。

狄拉克符号（**Dirac notation**）：以英国物理学家保罗·狄拉克（Paul Dirac）的名字命名，它也被称为左矢 - 右矢符号（bra-ket notation）。它被用来表示量子态。布洛赫球的两个极点的标记 "$|0\rangle$" 和 "$|1\rangle$" 便是狄拉克符号。

叠加（**superposition**）：量子态同时处于不同本征态的性质。量子比特同时处在 "0" 和 "1" 本征态的现象。在试验中，量子态的叠加需要量子相干性来维持。

多项式时间问题（**polynomial time problem**）：也称 P 问题，指求解与检验解都可以在多项式时间复杂度内完成的计算问题。

二进制码（binary code）：使用"1"和"0"来编码的计算机程序代码。

非局域性（nonlocality）：指相隔一定距离的量子粒子或者系统仍关联在一起。这是纠缠的关键属性。

非确定性多项式时间问题（non-deterministic polynomial time problem）：也称 NP 问题，对于这类问题，检验解的正确性要比找到解容易得多。

非确定性计算（non-deterministic calculation）：输入相同时，计算过程和 / 或输出不总是相同的计算，在非确定性系统（如量子系统）中存在随机性。当随机性存在但其近似值可以让人接受时，这种计算是很实用的。

加密货币（cryptocurrency）：一种使用密码学原理来确保交易安全及控制交易的交易媒介。它是数字货币（虚拟货币）的一种。

纠缠（entanglement）：在量子力学当中，即使粒子或者系统分隔开一定的距离，它们仍关联在一起，这种现象被称为纠缠。纠缠体现了非局域性。

量子比特（qubit）：量子计算的基本单元。可以处于"$|1\rangle$"和"$|0\rangle$"混合叠加态的二能级系统。

量子计算机（quantum computer）：使用量子比特执行计算的计算机。这些计算机仍在研发过程中，有几种量子计算机的发展正处于 S 曲线上的不同阶段，并交替沿曲线产生变化。

量子力学（quantum mechanics）：研究亚原子粒子运动和行为的科学。该术语经常与"量子物理学"交替使用。

量子态（quantum state）：由量子力学描述的系统所处的状态。量子比特可以处于叠加量子态，即同时位于"1"和"0"的态。量子比特所处的量子态在布洛赫球上用 ψ 表示。

量子物理学（quantum physics）：研究亚原子粒子的物理学研究领域。它对传统的物理学形成挑战。该术语经常与"量子力学"交替使用。

模拟量子计算（emulated quantum computing）：一种量子计算方式，它使用带有模拟处理器和数字接口的波函数来模拟量子态。

区块链（blockchain）：一种分布式账本技术，是数字货币的底层框架。它是一种数据库技术。

确定性计算（deterministic computation）：相同输入能够产生相同输出的计算过程。该过程没有随机性，是可预测的计算过程。

容错（fault tolerance）：系统承受噪声、误差或不稳定性（导致量子态相干性丢失的因素）的能力。

舒尔算法（Shor's algorithm）：该算法证明量子计算机能够快速地进行整数分解。

图灵机（Turing machine）：基于二进制码的经典计算机。它由艾伦·图灵（Alan Turing）提出，并成功破解纳粹在第二次世界大战期间使用恩尼格玛密码机发送的密码。

退相干（decoherence）：由于噪声的影响、误差或外部干扰超出系统容错性能而导致的量子态相干性丢失的现象。退相干的量子比特会发生量子坍缩。

薛定谔的猫（Schrödinger's cat）：一个用来说明量子力学哥本哈根诠释不完备的悖论实验。

最小可行性产品（minimum viable product，MVP）：功能符合预期的某种技术或商业概念的初始状态。

注 释

引 言

[1] Ananthaswamy, A. (2018). Through Two Doors at Once. New York: Dutton Press. P. 6. 阿南塔斯瓦米（Ananthaswamy）称量子力学为"非常小的东西的物理学"。

第一章

[1] "Quantum Computing Google Trends News Search" Google Trends.

[2] "Quantum Computing Google Trends Web Search" Google Trends.

第二章

[1] Investopedia. "Moore's Law".

[2] Gribbin, J. Computing with Quantum Cats: From Colossus to Qubits. New York: Prometheus Books. P. 92.

[3] Jurvetson, S. (10 December 2016). "Moore's Law over 120 years." Flickr.

[4] 谷歌云负责石油、天然气和能源部门的副总裁达瑞尔·威利斯（Darry Willis）在谷歌的演讲，此次演讲是在 2018 年 10 月 10 日"D2：剧变"论坛上进行的。

[5] 出自英伟达（NVIDIA）全球副总裁兼自主机器事业部总经理迪普·塔拉（Deepu Talla）于 2018 年 9 月 26 日在美国 RoboBusiness 大会上的演讲。

[6] P vs. NP and the Computational Complexity Zoo, YouTube video.

[7] Aaronson, S. Pp. 54–70. 关于这一点的一章与相关主题有一个既美妙又异想天开的名字"P 问题、NP 问题以及朋友"。

[8] Johnson, G. (2003). A Shortcut Through Time: The Path to the Quantum Computer. London: Jonathan Cape. P. 8.

[9] Berman, G., Doolen, G., Mainieri, R., and Tsifrinovich, V. (1999). Introduction to Quantum Computers. New Jersey: World Scientific. Pp. 2–3.

第三章

[1] la Cour, B., Ott, G., Lanham, S.A. (2018). "Using Quantum Emulation for Advanced Computation."

P. 6. 多谢布莱恩·拉库尔分享这一文章。

[2] Rudolph, T. (2017). Q is for Quantum. P. 27.

[3] 费力克斯·布洛赫的布洛球体的理论图形是由未来学家研究所绘制的。

[4] 请参阅有关此主题的详尽讨论和轶事，见 Dowling, J. (2013) Schrödinger's Killer App: Race to Build the World's First Quantum Computer. New York: CRC Press.

[5] Gribbin, J. P. 121.

[6] Rudolph, T. (2017). P. 121.

[7] Dowling, J. Pp. 35–39.

[8] Thomas, A. Pp. 97–99.

第四章

[1] Rieffel, E. and Polak, W. (2011). Quantum Computing: A Gentle Introduction. Cambridge, Massachusetts: The MIT Press. P. xii.

[2] Fruchtman, A. and Choi, I. (Oct 2016) "Technical Roadmap for Fault–Tolerant Quantum Computing." Pp. 7–8.

第五章

[1] Den Heijer, Helmar. (2010). "Managerial Usefulness

of S-curve Theory: Filling the Blanks." Tilburg University, P. 11. 此图是未来学家研究所基于这一概念自行修改的。

[2] 同 [1]，以及未来学家研究所对量子计算进行的评估。

[3] Morse, J. (2018) "IBM's quantum computer could change the game, and not just because you can play Battleship on it." Mashable.

[4] 此图由 IBM 公司提供。

[5] "IBM Makes Quantum Computing Available on IBM Cloud to Accelerate Innovation."

[6] 此图由 D-Wave 和 Larry Goldstein 提供。感谢。

[7] Rigetti, C. (Aug 2018). "The Rigetti 128-qubit chip and what it means for quantum." Medium.

[8] "Qubit Counter." MIT Technology Review.

[9] Greenemeier, L. (2018). "How Close Are We Really to Building a Quantum Computer." Scientific American.

[10] Rieffel, E. and Polak, W. P. 2.

[11] la Cour, B. (2018). 此图由布莱恩·拉库尔提供。感谢。

[12] Gribbin, J. Pp. 263-265.

[13]Qiang, X., Zhou, X., Wang, J., Wilkes, C., Loke.,

T., O'Gara, S., Kling, L., Marshall, G., Santagati,

R., Ralph, T., Wang, J., O'Brien, J., Thompson, M.,

Matthews, J. (September 2018). "Large-scale silicon

quantum photonics implementing arbitrary two-

qubit processing." Nature Photonics. Vol 12. P. 539.

[14]O'Brien, J. (2016). "Towards a Quantum Computer."

[15] 由美国量子计算和通信技术中心提供。

[16]Gribbin, J. Pp. 263-265.

第七章

[1] Delfs, H., Knebl, H. (2015). Introduction to Cryptography:

Principles and Applications. Third Edition. New

York: Springer. P. 343.

[2]同 [1]. P. 350.

[3] "2018 Cost of a Data Breach Study: Global Overview."

(July 2018). Ponemon Institute LLC. IBM, P.13.

[4]US Congress. (2018), "Cybersecurity Funding."

White House, P. 274.

[5] "Risk Nexus: Overcome by Cyber Risks? Economic

Benefits and Costs of Alternate Cyber Futures." (2015) Atlantic Council, Zurich Insurance Group, P. 11.

第八章

[1] Plante, C. (2017). "Men in Black's Best Scene Doesn't Have Any Special Effects." The Verge.

[2]《黑衣人》（1997 年），导演：巴南·索南菲尔德（Barry Sonnenfeld）。

第九章

[1]《银河系漫游指南》（2005 年），导演：加斯·詹宁斯（Garth Jennings）。

第十章

[1] "Players." (2018). Quantum Computing Report.

第十一章

[1] "What is Quantum Computing?" Google Trends Web Search. Google Trends.

[2] "Quantum Computing" Google Trends News Search. Google Trends.

[3] "Quantum Computing" Google Trends Web Search. Google Trends.

[4] Morse, J.

第十二章

[1] Johnson, G. (2003). P. 9.

[2] 来源：Adobe Stock.

注

释